Bukola Aluko-Olokun

Experiências de carreira das mulheres na indústria da construção nigeriana

Bukola Aluko-Olokun

Experiências de carreira das mulheres na indústria da construção nigeriana

ScienciaScripts

Imprint
Any brand names and product names mentioned in this book are subject to trademark, brand or patent protection and are trademarks or registered trademarks of their respective holders. The use of brand names, product names, common names, trade names, product descriptions etc. even without a particular marking in this work is in no way to be construed to mean that such names may be regarded as unrestricted in respect of trademark and brand protection legislation and could thus be used by anyone.

Cover image: www.ingimage.com

This book is a translation from the original published under ISBN 978-620-2-05886-5.

Publisher:
Sciencia Scripts
is a trademark of
Dodo Books Indian Ocean Ltd. and OmniScriptum S.R.L publishing group

120 High Road, East Finchley, London, N2 9ED, United Kingdom
Str. Armeneasca 28/1, office 1, Chisinau MD-2012, Republic of Moldova, Europe
Printed at: see last page
ISBN: 978-620-7-87849-9

DEDICAÇÃO

Dedicado a Deus Todo-Poderoso, o criador do céu e da terra,

À minha falecida mãe, Sra. Florence Titilayo Odumosu, Ao

meu querido marido Tumininu e

Os meus filhos maravilhosos, Kolade, Ebunoluwa, Yetunde e Oluwatomisin

AGRADECIMENTOS

A minha alma proclama a grandeza do Senhor; o meu espírito exulta no meu Salvador. Pois Ele olhou para a humildade da sua serva; eis que desde agora todos os séculos me chamarão bem-aventurada. O Poderoso fez grandes coisas por mim, e Santo é o seu nome".

A minha profunda gratidão vai para o sócio principal da Proman Associates, Alhaji Yahaya Abubakar, pela oportunidade e pelo tempo que me foi dado, fora do nosso horário de trabalho sempre ocupado, para realizar este curso.

Gostaria de agradecer os esforços incansáveis e o apoio obtido de todo o pessoal académico e não académico do Departamento de Levantamento de Quantidades da Universidade Ahmadu Bello de Zaria durante o período do meu programa académico.

É digno de menção o encorajamento, a orientação e os contributos dos meus Supervisores, a Dra. K.J. Adogbo e o Prof. A.D. Ibrahim, para que esta dissertação visse a luz do dia. Estou de facto grato por todos os materiais colocados à minha disposição. Que Cristo vos honre também e alargue a vossa costa.

Estou também em dívida para com outro pessoal académico, nomeadamente Alhaji A. A. Ali, Dr. Y.M Ibrahim, Sr. Baba A. Kolo, Mall. Mustapha Abdulrazaq, Sr. Peter Chindo Gangas e Mallama Fatima Bello pelas suas críticas construtivas durante a redação deste trabalho de investigação. Agradeço-vos a todos.

A minha história de sucesso não estará completa sem mencionar o apoio e a camaradagem dos meus colegas de curso durante todo o período de estudo. Agradeço a ajuda prestada especificamente pelo Caio Ishaya. Que o bom Deus vos recompense e esteja convosco. Não posso também esquecer o bibliotecário Mall. Falalu Muhammed que me deu acesso a todos os materiais necessários. Muito obrigado, de facto.

Por fim, ao meu marido e aos meus filhos, digo: "**Conseguimos novamente e este trabalho de investigação é nosso".**

ÍNDICE DE CONTEÚDOS

RESUMO

O sector da construção, pela sua natureza, é dominado pelos homens e o baixo nível de participação das mulheres neste sector tem atraído muita atenção a nível mundial. Nos últimos anos, a indústria registou um ligeiro aumento na participação das mulheres, mas este ainda é insuficiente para enfrentar os desafios que a indústria enfrenta diariamente. Por conseguinte, este estudo investiga o aspeto positivo da carreira das poucas mulheres profissionais que chegaram ao topo das suas carreiras na indústria da construção nigeriana, explorando as suas experiências e expectativas profissionais, examinando os desafios à sua participação e os seus momentos notáveis e satisfatórios ao longo do seu percurso profissional. Foi realizada uma entrevista biográfica a quarenta e cinco (45) profissionais do sexo feminino cujo trabalho abrange todos os sectores da indústria. Os dados recolhidos foram analisados através do método de análise temática, agrupando os resultados e organizando-os de acordo com as suas opiniões sobre os temas abordados. Os resultados mostram que as suas experiências não lhes são peculiares pelo facto de serem mulheres, mas genéricas para ambos os sexos, o que desmistifica a imagem masculina do sector. Expôs os raros momentos, a satisfação no trabalho e as excelentes realizações que ofuscam os desafios enfrentados pelas mulheres. As mulheres entrevistadas conseguiram lidar com os desafios de uma forma que lhes permitiu equilibrar os compromissos profissionais e familiares e, para elas, o sucesso não se mede apenas pelas realizações profissionais, mas também pelo sucesso a nível familiar. O estudo concluiu igualmente que a falta de dinheiro constitui um obstáculo importante, a par de outros desafios de carácter geográfico que são ultrapassáveis. A investigação recomenda que é necessária a divulgação de informação orientada para a melhoria da imagem da indústria no que diz respeito às mulheres, especialmente uma informação baseada especificamente nas oportunidades disponíveis e nos êxitos que podem ser alcançados. Também desenvolveu directrizes para melhorar a carreira das mulheres na indústria da construção nigeriana.

CAPÍTULO 1

INTRODUÇÃO

1.1 Antecedentes do estudo

A indústria da construção é um dos sectores industriais mais importantes em termos de crescimento económico e de oportunidades de emprego (Powell, Hassan, Dainty e Carter, 2007). De acordo com as conclusões de Adeyemi, Ojo, Aina e Olanipekun, (2006), a indústria da construção nigeriana é responsável por cerca de 7% da formação de capital fixo e contribui com 3% para o produto interno bruto (PIB). Estima-se que mais de três milhões de pessoas trabalhem no sector em diversas funções como profissionais, pessoal administrativo, operários e trabalhadores. Thurairajah, Amaratunga e Haigh (2007), na sua investigação, também referiram que, na economia do Reino Unido, o sector da construção contribui com cerca de um décimo do produto interno bruto do país e emprega 1,9 milhões de pessoas na sua força de trabalho.

O baixo nível de participação das mulheres na indústria atraiu muita atenção a nível mundial, com a maioria das contribuições das economias desenvolvidas (Gale, 1994; Gale e Cartwright, 1995; Dainty, Neale e Bagilhole, 1999; Bennett, Davidson e Gale, 1999; Fielden, Davidson, Gale e Davey, 2000) e as barreiras ao seu progresso foram analisadas e resumidas por Amaratunga, Haigh, Lee, Shanmugan e Elvitigala, (2007).

Na Nigéria, os estudos demonstraram que nem todas as razões identificadas pelos investigadores estrangeiros se verificam no nosso país. A maior parte do que foi observado baseava-se geograficamente na cultura e na natureza particulares das normas socioculturais do nosso país, o que dificulta a participação das mulheres (Kehinde e Okoli, 2003; Kolawole e Boison, 1999; Adeyemi et al., 2004; Omar e Ogenyi, 2004; Adogbo e Ibrahim, 2010).

O Governo dos Estados Unidos e a sua indústria da construção concordam que a sub-representação das mulheres está a negar ao sector da construção uma valiosa reserva de mão de obra para fazer face aos crescentes desafios em termos de conhecimentos e competências que enfrenta diariamente (Lu, Sexton, Abbot e Jones, 2008).

Os investigadores têm vindo a recomendar formas de o sector atrair e manter as mulheres. (Kolawole e Boison, 1999; Babalola, 2008) e a resposta a esta situação por parte do governo tem sido um movimento de mudança sob a forma de uma carteira de políticas de igualdade e diversidade em constante expansão, introduzidas para fazer cumprir as questões relacionadas com a igualdade de oportunidades, como a igualdade de remuneração, a igualdade de oportunidades de promoção e a discriminação sexual (Lu et al., 2008). Na Nigéria, um dos Objectivos de Desenvolvimento do Milénio é também a consecução da igualdade entre os sexos e o empoderamento e emancipação das mulheres (Sunlati, 2008).

Nos últimos anos, a indústria da construção nigeriana, incluindo a sua congénere estrangeira, registou um ligeiro aumento na participação das mulheres (Caven, 2008; Babalola, 2008). Embora não exista um marco de referência para a sua participação que se traduza numa representação igual, a investigação identificou que algumas mulheres conseguiram obter um certo grau de satisfação e otimismo na progressão da sua carreira, mais do que os seus homólogos masculinos (Bennet et al., 1999).

Um estudo realizado por Kolawole e Boison (1999) mostra que as mulheres se destacam na precisão da perceção e na memória, no cálculo numérico, na fluência verbal e nas capacidades linguísticas em geral. Omar e Ogenyi (2004) descobriram que as mulheres nigerianas estão a ficar mais conscientes das suas necessidades pessoais e começaram a perceber todo o seu potencial para contribuir para o crescimento da nação. Estas capacidades inexploradas podem ser bem utilizadas na indústria da construção, por exemplo, na área da Medição, daí a necessidade de encorajar uma maior participação, tal como foi reforçado por Sunlati (2008).

Gale (1994) identificou que as poucas mulheres que tiveram uma carreira na indústria da construção estão a adaptar-se, a promover o processo e a procurar permanecer nas suas zonas de conforto, criando assim nichos especiais para si próprias na indústria.

O ponto de partida desta investigação é analisar em profundidade as vidas destas mulheres profissionais de sucesso, destacando as suas experiências positivas reais ao longo do seu percurso profissional e as formas através das quais conseguiram ultrapassar as barreiras, de modo a servir de meio para encorajar mais mulheres a participar no sector.

1.2 DECLARAÇÃO DO PROBLEMA DE INVESTIGAÇÃO

A imagem do sector da construção, a imagem mental, as atitudes decididas e o comportamento das pessoas neste sector são construídos através de uma combinação de informações obtidas a partir do ambiente e da experiência passada relevante (Ginige, Amaratunga e Haigh, 2007).

Embora a indústria da construção na Nigéria e noutras partes do mundo contribua economicamente para o crescimento de qualquer nação, a sua imagem não é projectada de forma positiva. A imagem geral do sector é equiparada ao trabalho no local e ao trabalho físico. É visto como enfadonho, sujo, não técnico, não profissional, perigoso, cíclico e associado a condições de trabalho difíceis, e continua a ser visto como uma atividade altamente discriminada por género.

Gale (1994) formulou a hipótese de que a imagem do sector é contrária à entrada de mulheres. As conclusões do autor indicaram que a imagem desempenhava um papel importante e que a existência de mais informação aumenta a probabilidade de homens e mulheres considerarem uma carreira no sector.

Dainty et al. (1999) reiteram no seu trabalho que, ao longo da década de 1990, foi desenvolvido um business case para atrair mulheres para o sector. De acordo com o relatório, estes argumentos assentam em duas premissas: em primeiro lugar, a economia está a subutilizar o leque de competências e talentos disponíveis na população e, em segundo lugar, é essencial que as organizações aumentem a sua eficiência e eficácia, projectando uma autoimagem mais pluralista e alargando assim o seu leque de potenciais participantes.

Gale (1994) também sublinhou que, dada a tendência geral de longo prazo dos problemas de recrutamento na indústria da construção, a importância de atrair mais mulheres para a construção faz sentido do ponto de vista económico, para além das questões fundamentais do direito das mulheres e do seu estatuto equitativo na sociedade. O estudo concluiu dizendo que "parece que a indústria está a pescar em apenas meio oceano ao não recrutar mulheres".

Shanmugam, Amaratunga e Haigh (2006), no seu estudo, concluíram que a sub-representação das mulheres na indústria da construção tem sido uma preocupação desde há muitos anos e que esta é mais proeminente recentemente devido ao envelhecimento da força de trabalho atual e à potencial escassez de competências que a indústria enfrenta. Isto é crucial, tal como refere Casey (2005), pois as mulheres estão agora a entrar na área da construção em maior número e estão a ganhar níveis mais elevados de emprego e promoções em todas as áreas da indústria. No entanto, o compromisso e o envolvimento das mulheres profissionais na indústria da construção não é suficientemente encorajador (Kolade e Kehinde, 2013) e não é claro quais os factores motivacionais das mulheres de carreira bem sucedidas na indústria da construção nigeriana que beneficiarão outras na sua carreira.

Por conseguinte, é imperativo realçar as experiências profissionais positivas das poucas mulheres bem sucedidas que conseguiram ultrapassar todas as barreiras ao seu crescimento profissional, com a intenção de que, quando divulgadas, possam ajudar a atrair e manter as mulheres na indústria e reforçar o facto de que a imagem está ligada à realidade.

1.3 A NECESSIDADE DO ESTUDO

As investigações sobre a carreira das mulheres no sector da construção civil nigeriano são escassas e as mais recentes estudaram a sua carreira desde a fase de formação e os seus compromissos organizacionais. O presente estudo aborda o problema da sub-representação do ponto de vista profissional, mas aprofundando a experiência real vivida pelas mulheres e os seus momentos de satisfação e realizações na carreira. A sua análise tem por objetivo redimir a imagem do sector no que diz respeito às mulheres. Um documento de discussão encomendado pela Associação Nacional de Mulheres na Construção (NAWIC, 2012) sublinhou que ainda são necessários esforços para atrair mais mulheres para a indústria e uma das principais barreiras que parece ter ainda uma grande influência no recrutamento e retenção de mulheres na indústria é a imagem percebida e projectada, que são ainda mais exacerbadas pela indústria, uma vez que continua a promover uma imagem apenas masculina e permanece enraizada numa cultura que mina o valor das mulheres (Fielden et al., 2000).

Por conseguinte, é necessário e importante atrair e reter as mulheres no sector da construção, melhorando a imagem global da indústria, de modo a evitar o "síndroma da porta giratória", que atrai pessoas que acabam por sair em breve, e manter a cadeia de fornecimento de mulheres como força de trabalho na indústria.

De acordo com Ginige et al. (2007), a construção precisa de diversidade e a indústria pode ter de reconhecer e aproveitar a força e as características das mulheres; isto aplica-se especialmente à Nigéria, agora que o governo está empenhado em alcançar a sua visão 2020 e os objectivos de desenvolvimento do milénio (ODM) (Ofori, 2010). A investigação observou ainda que os esforços anteriores de planeamento e visão não foram sustentados e que a história de estagnação económica, declínio do bem-estar e instabilidade social minou o desenvolvimento durante a maior parte dos últimos 30 anos.

Isto significa, por conseguinte, que a capacidade da indústria num país em desenvolvimento como a Nigéria deve ser reforçada para permitir que esta forneça um maior volume de produção para satisfazer as crescentes exigências e iniciativas para realizar estes objectivos (Ofori, 2007). Ao fazê-lo, é necessário aproveitar as competências e capacidades de todos os participantes na indústria e, para este fim, o recrutamento de mulheres na força de trabalho da construção foi identificado como uma solução potencial para aumentar a capacidade da indústria e trazer diversidade à construção (Ginige et al, 2007).

1.4 : FINALIDADE E OBJECTIVOS

1.4 .1 OBJECTIVO

O objetivo da investigação é expor as experiências reais de carreira vividas pelas mulheres profissionais ao longo do seu percurso profissional na indústria da construção nigeriana. Através deste conhecimento, deverá ser possível aumentar a participação das mulheres e a sua taxa de retenção na indústria, de modo a assegurar uma progressão constante da carreira das mulheres no ativo.

1.4.2 OBJECTIVOS

Os objectivos são os seguintes

i. Examinar os desafios à participação das mulheres no sector e a forma como foram ultrapassados,
ii. Identificar os momentos marcantes e gratificantes da sua carreira ao longo do seu percurso profissional,
iii. Avaliar as experiências e expectativas de carreira das mulheres na Nigéria
Indústria da construção e
iv. Desenvolver orientações para melhorar a carreira das mulheres no sector da construção

1.5 : ÂMBITO E LIMITAÇÃO

1.5.1: ÂMBITO DE APLICAÇÃO

A investigação visou especificamente mulheres ativamente envolvidas na indústria a partir dos 35 anos de idade. Considerou mulheres que se encontram na fase de resistência pragmática e que estão a avançar para a fase de reinvenção da contribuição das suas carreiras. As mulheres que se encontram nesta fase, de acordo com o modelo de desenvolvimento de carreira de O'Neil e Bilimoria (2005) e White (1995), devem ter-se adaptado e continuar a adaptar-se ao mundo do trabalho e, com o tempo, começar a dar um contributo mais tangível para as suas organizações. Os critérios de inclusão são todos os profissionais do sexo feminino provenientes dos sectores da Arquitetura, da Medição, da Engenharia e da Construção, com um mínimo de cinco anos de experiência profissional, que estejam disponíveis e dispostos a participar. As amostras de mulheres entrevistadas para este trabalho foram seleccionadas entre as mulheres que exercem a sua profissão em Lagos, Abuja e Kaduna. Os critérios de exclusão são todos aqueles que não estão totalmente empenhados na profissão, apesar de terem os anos de prática exigidos, os que não estão disponíveis, como os que podem estar de licença, e os que podem decidir não participar. Os resultados/conclusões da investigação limitam-se às experiências das mulheres profissionais que se encontram no topo das suas carreiras, incluindo as que se encontram no nível intermédio.

1.5.2: LIMITAÇÃO

Uma das principais limitações do estudo é a falta de vontade dos inquiridos de participarem plenamente e de serem completamente honestos, devido ao modo de recolha de dados por entrevista. Esta limitação foi reduzida colocando os participantes à vontade, explicando-lhes a essência da entrevista. As entrevistas presenciais foram marcadas em horários e locais convenientes para os participantes, enquanto as entrevistas telefónicas também foram realizadas com os participantes que estavam dispostos, mas não puderam estar disponíveis para uma entrevista presencial. As respostas dos participantes dependem em grande parte do aspeto das suas carreiras a que podem ter estado expostos, o que pode não dar um verdadeiro reflexo da indústria da construção como um todo. Ao selecionar o número de inquiridos, houve o cuidado de garantir que se utilizava a dimensão certa para que os resultados fossem fiáveis. Além disso, o estudo assumiu que os homens estão confortáveis com as suas carreiras dentro da indústria, de modo que o aspeto positivo das suas carreiras, incluindo outras áreas positivas dentro da indústria como um todo, não foi considerado.

CAPÍTULO 2

ANÁLISE DA PARTICIPAÇÃO DAS MULHERES NO SECTOR DA CONSTRUÇÃO

2.1 Definição da indústria da construção

A indústria da construção é um sector da economia que transforma vários recursos em infra-estruturas físicas, económicas e sociais necessárias ao desenvolvimento socioeconómico. Abrange o processo pelo qual as referidas infra-estruturas físicas são planeadas, concebidas, adquiridas, construídas ou produzidas, alteradas, reparadas, mantidas e demolidas. As infra-estruturas construídas incluem:

- Edifícios
- Sistemas e instalações de transporte que são aeroportos, portos, auto-estradas, metropolitanos, pontes, caminhos-de-ferro, sistemas de trânsito, oleodutos e linhas de transmissão e de eletricidade.
- Estruturas de contenção, controlo e distribuição de fluidos, tais como sistemas de tratamento e distribuição de água, sistemas de recolha e tratamento de águas residuais, lagoas de sedimentação, barragens e sistemas de irrigação e canais.
- Estruturas subterrâneas, como túneis e minas.

O sector é composto por organizações e pessoas que incluem empresas, firmas e indivíduos que trabalham como consultores, empreiteiros principais e subempreiteiros, produtores de materiais e componentes, fornecedores de instalações e equipamentos, construtores e comerciantes. O sector tem uma relação estreita com clientes e financiadores. O Governo está envolvido no sector como comprador (cliente), financiador, regulador e operador (The Construction Industry
Política).

2.2 Mulheres na indústria da construção nigeriana

Pode dizer-se que, hoje em dia, na Nigéria, as mulheres estão verdadeiramente a tecer-se no tecido de toda a indústria, através de inscrições em programas de formação em Levantamento de Quantidades, Arquitetura, Construção, Engenharia e Construção e ocupando posições de relevo em empresas de design e construção (Babalola, 2008). Ao contrário do que acontecia antes, as mulheres nigerianas estão a mudar a face da economia. Ultrapassaram as barreiras e deixaram de ser espectadoras de bancada, mesmo no meio de campos profissionais dominados pelos homens. Omar e Ogenyi (2004) descobriram que as mulheres nigerianas estão a tornar-se mais conscientes do seu pleno potencial para contribuir para o crescimento da nação. No entanto, o compromisso e o envolvimento das mulheres profissionais na indústria da construção não é suficientemente encorajador. São ainda necessários esforços para atrair mais mulheres para a indústria.

2.2.1 Estatísticas das mulheres na indústria da construção nigeriana

O relatório do National Bureau of Statistics (2008) mostra que, de 2001 a 2005, a população feminina representava 49,9% da população do país, enquanto a taxa de crescimento de 1999 a 2006 foi de 3,5%. O relatório também mostra as estatísticas dos dados sobre o emprego no sector da construção civil, que indicam que, em dezembro de 2007, a população de mulheres desempregadas na Nigéria era, em média, de 43,2% de toda a população e que estas mulheres se situam na faixa etária dos 25 aos 44 anos e constituem a maior parte de um recurso inexplorado na economia nigeriana. Adeyemi et al. (2006) revelaram que as mulheres constituem apenas 16,3% da força de trabalho na indústria da construção nigeriana, dos quais 50% são pessoal administrativo, 10% trabalham como profissionais e gestores e 2,5% como artesãs. Shanmugam, Amaratunga e Haigh, (2006) também notaram que a sub-representação das mulheres no sector da construção tem sido uma preocupação durante muitos anos e tem atraído a atenção do governo e da indústria. Esta situação tornou-se mais proeminente recentemente devido ao envelhecimento da atual força de trabalho e à potencial escassez de competências que a indústria enfrenta. A Comissão para a Igualdade de Oportunidades (EOC, 2005) opinou que quebrar as barreiras de género ajudará a resolver a escassez de competências. Por conseguinte, os empregadores do sector da construção têm de aceder a uma maior reserva de talentos de um leque mais diversificado de pessoas em termos de género, a fim de recrutar e desenvolver uma força de trabalho de alta qualidade, motivada e qualificada para satisfazer as necessidades crescentes da construção. Por conseguinte, são necessários profissionais do sexo feminino a todos os níveis, na gestão, na conceção, nas competências comerciais e em todas as várias partes da cadeia de abastecimento.

2.2.2 Percursos profissionais das mulheres

A indústria da construção varia nos seus elementos constitutivos e componentes; engloba uma vasta gama de actividades e produtos. Está dividida em vários sectores, tais como petróleo e gás, engenharia civil e pesada, sectores de produção e fabrico, etc. De acordo com o Chartered Institute of Building (CIOB, 2006), utiliza atualmente novos acordos de parceria e estratégias de aquisição com produtos normalizados mecanizados e pré-fabricados. Gurjao (2006) observou que se registam melhorias na gestão da cadeia de abastecimento e na garantia de qualidade, estando as inovações na ordem do dia. As diferentes exigências em matéria de competências estão a evoluir devido às mudanças industriais, passando gradualmente do trabalho manual para o trabalho técnico/de colarinho branco. As mulheres podem ser efetivamente utilizadas nestas áreas e pode ser formado um padrão de carreira.

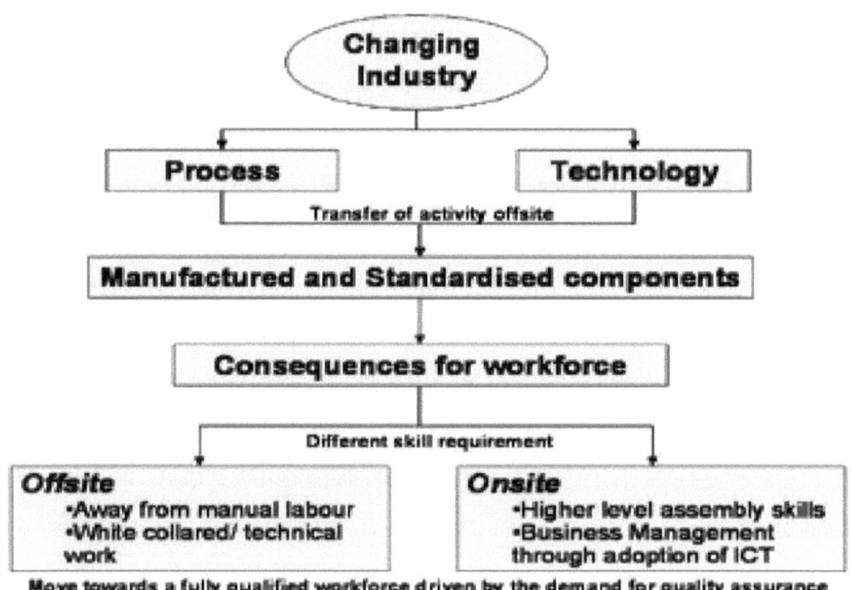

Separador

le 2.1 Fontes: (Chartered Institute of Building, 2006)

2.3 Barreiras sentidas pelas mulheres no sector da construção.

As barreiras são definidas como algo que impede um potencial concorrente de entrar num determinado mercado e, neste contexto, as barreiras que impedem a entrada das mulheres no sector da construção começam na socialização e educação precoces e continuam durante a formação e o recrutamento. Estas barreiras são ainda mais exacerbadas pela indústria, uma vez que continua a promover uma imagem exclusivamente masculina e permanece enraizada numa cultura que mina o valor das mulheres (Fielden et al., 2000). As principais barreiras identificadas na investigação que militam contra a entrada e a retenção das mulheres no sector da construção, tal como resumidas por Amaratunga et al. (2007), são as seguintes

- Compromissos familiares
- Cursos de formação dominados por homens
- Práticas de recrutamento
- Imagem do sector
- Cultura e ambiente
- Conhecimento da carreira
- Discriminação e assédio
- Falta de modelos e mentores

A resiliência e o espírito de determinação demonstrados pelas mulheres profissionais e o facto de as características de liderança não serem geneticamente adquiridas e não terem nada a ver com o género ajudaram as mulheres a combater, em certa medida, as barreiras acima enumeradas (Babalola, 2008). A investigação identificou que algumas mulheres conseguiram obter um certo grau de satisfação e otimismo na sua progressão na carreira, mais do que os seus homólogos masculinos (Bennet et al., 1999). Isto foi ainda reforçado por Casey (2005) que as mulheres estão agora a entrar no campo da construção em maior número e estão constantemente a ganhar níveis mais elevados de emprego e promoções em todas as áreas da indústria. Contudo, o compromisso e o envolvimento das mulheres profissionais na indústria da construção não é suficientemente encorajador (Kolade e Kehinde, 2013). Num documento de discussão encomendado pela Associação Nacional de Mulheres na Construção (NAWIC, 2012), enfatizou-se que ainda são necessários esforços para atrair mais mulheres para a indústria e as principais barreiras que parecem ter ainda uma grande influência no recrutamento e retenção de mulheres dentro da mesma e que se relacionam de perto com este trabalho de investigação são discutidas mais adiante:

1.1.1 Natureza do sector

O sector da construção é dominado pelos homens e altamente fragmentado, com um grande número de pequenas empresas e um número muito reduzido de grandes empresas. Os produtos da indústria têm características únicas que os diferenciam de outras indústrias, a sua localização é fixa, a distribuição geográfica é generalizada e são grandes, pesados, únicos e construídos à medida (Hildebrandt e Cannon, 1989).

A investigação demonstrou que a natureza masculina dominante da indústria da construção representa uma barreira significativa ao recrutamento de mulheres, à sua progressão na carreira e à sua retenção, embora o seu número na força de trabalho esteja a aumentar gradualmente, a sua participação ainda é baixa (Amaratunga et al., 2006). Gurjao (2006), num olhar mais atento sobre a construção - uma indústria em mudança, afirmou que a natureza da indústria da construção mudou significativamente em termos de processo e tecnologia, a indústria está a tornar-se altamente mecanizada e já não depende da força bruta, mas da determinação e do empenho para ter sucesso. Devido às mudanças industriais que estão a ocorrer, são necessários requisitos de competências diferentes e uma força de trabalho maior.

1.1.2 Imagem da indústria da construção

A imagem é o quadro mental, que é criado através da informação obtida do ambiente externo e processada internamente com experiências passadas relevantes sobre um determinado aspeto (Ginige et al., 2007). A imagem predominante da construção é a de uma indústria dominada pelos homens, que exige força bruta e uma boa tolerância às condições exteriores, ao mau tempo e à má linguagem (Agapiou, 2002). De facto, as pessoas acreditam que a indústria envolve ofícios masculinos, tais como alvenaria, carpintaria, canalização, estucagem, etc., apenas adequados para homens. É principalmente esta imagem que faz com que as mulheres não se interessem pelo sector. A investigação conduzida por Fielden et al. (2001), concluiu que a imagem da indústria é simbolizada pelo 'bumbum do construtor' ou pelo 'sorriso de Stratford', pelo que a imagem da indústria da construção é um fator importante no processo de seleção de carreira dos jovens de ambos os sexos. Esta investigação baseou-se na realizada por Gale em (1994) que investigou se existe uma diferença entre a imagem percebida da indústria e o recrutamento para a indústria por sexo. Uma das duas hipóteses principais era a de que a imagem do sector é contrária à entrada de mulheres. Os resultados indicaram que a imagem desempenha um papel importante e que a existência de mais informação aumenta a probabilidade de homens e mulheres considerarem uma carreira no sector.

Parece haver uma aparente confusão entre a imagem projectada do sector da construção e a imagem detida pelas pessoas fora do sector. Esta distinção pode ser facilmente feita em teoria, mas pode ser difícil de diferenciar e medir na prática. A má imagem pública da indústria da construção é sinónimo de custos elevados, baixa qualidade e práticas de trabalho caóticas. Por conseguinte, as mulheres tendem a optar por não entrar numa indústria que não reconhece as suas capacidades e que, com demasiada frequência, as coloca num ambiente hostil e ameaçador (Gurjao, 2006). Gale (1994) também expressou este facto como uma questão ética ou moral: "Não é correto encorajar as raparigas a exercer uma profissão quando a realidade é que as mulheres não conseguem exercer essa profissão ou quando a natureza do ambiente de trabalho é hostil às mulheres."

A perceção e a imagem da indústria ainda estão enraizadas no passado, apesar dos anos de campanha de imagem positiva (Jones, 2005). A imagem atual do sector da construção constitui uma forte barreira para atrair as mulheres para este sector. Por conseguinte, é necessário mudar a imagem para se concentrar nas boas características do sector. É extremamente importante aumentar o fluxo de boas notícias para contar. Smith (2002) na sua investigação indicou que a indústria da construção em geral sofre de uma falta de comunicação coerente e sustentada com outras indústrias, incluindo o público em geral. O estudo observou que, tratadas com sensibilidade, com um compromisso de nutrir a compreensão entre o público e o pessoal da construção, as relações proactivas e profissionais com a comunidade pela indústria da construção terão um impacto profundo e positivo na perceção geral da indústria na sociedade em geral.

O Grupo de Trabalho 7 do CIB (1996), no seu relatório, mostrou a importância de levar as mensagens da indústria à sociedade através de diferentes meios de comunicação, tais como campanhas editoriais, semana nacional da construção, criação de um foco na indústria e exposições para aumentar a sensibilização geral da indústria, a fim de obter uma melhor imagem. O CIB recomendou ainda que se considerasse o valor do marketing relacional, afirmando que é amplamente aceite que a indústria tem sofrido de atitudes de confronto que estão profundamente enraizadas e que constituem um obstáculo importante à melhoria da sua imagem.

Para atrair mais mulheres para o sector, é necessário alterar a perceção tradicional de que a construção é um trabalho manual, que exige uma grande força física e tolerância ao pó e ao ruído. English (2006) afirmou que a indústria precisa de se tornar mais uma indústria de processos (incorporando um elevado nível de mecanização e utilização de instalações e equipamentos) do que uma indústria artesanal. A indústria da construção é uma indústria complexa com muitos subsectores, como a consultoria, a conceção, o fabrico e o fornecimento. A indústria está agora inclinada para a utilização de tecnologia e capacidades mentais que podem ser oferecidas por ambos os sexos. Enquanto indústria de base que dá apoio e qualidade a todas as outras indústrias, a construção tem de aceder a uma reserva de talentos mais vasta e diversificada em termos de idade, sexo e origem étnica, a fim de recrutar e desenvolver uma mão de obra qualificada de elevada qualidade para satisfazer as necessidades crescentes da indústria. Uma campanha de imagem eficaz dirigida às mulheres em vários sectores, especialmente as que regressam ao trabalho após interrupções de carreira e as que mudam de carreira, é, portanto, necessária e deve ser enfatizada (Gurjao, 2006).

1.1.3 Cultura do sector

Bagilhole et al. (2000) referiu que o local de trabalho na construção tem sido descrito como um dos mais chauvinistas do Reino Unido, com uma cultura extremamente machista que é hostil e discriminatória em relação às mulheres. Na Nigéria, Ademoroti (1993) também argumentou que as oportunidades de emprego para as mulheres são altamente influenciadas pela opinião do empregador relativamente à sua capacidade e potencial para lidar com os rigores do trabalho, devido ao papel tradicional assumido pela sociedade para elas como esposas/mães. Na parte norte da Nigéria, algumas mulheres ainda são mantidas em purdah e outras raramente são autorizadas a dizer o que pensam, devido à perceção existente de que podem perder a sua dignidade e ser indevidamente tentadas. A prevalência de uma cultura de dominação masculina ou de uma imagem masculina evidente, as longas horas de trabalho nos estaleiros, o mau tempo, a linguagem inadequada e a conduta sexual indesejável também tornam a profissão pouco atractiva para as mulheres. Bagilhole et al. (2000); Dainty et al. (1999, 2000), no seu estudo sobre as dinâmicas díspares de progressão de homens e mulheres na indústria da construção, chegaram a conclusões que indicavam que os homens eram promovidos mais rapidamente do que as mulheres, enquanto a progressão das mulheres é inibida por uma cultura da indústria que é excludente e discriminatória em relação às mulheres no seu ambiente de trabalho. Esta situação conduziu à probabilidade de as mulheres abandonarem o sector para seguirem carreiras num sector menos hostil. A cultura de longas horas de trabalho torna difícil para as trabalhadoras lidar com as responsabilidades de cuidar das crianças e o equilíbrio entre a vida profissional e a vida pessoal torna-se um obstáculo à permanência no sector (Dainty e Lingard, 2006). No entanto, face a estas barreiras, a investigação identificou que algumas mulheres conseguiram alcançar uma maior satisfação profissional do que os seus homólogos masculinos (Nicholson e West, 1988), uma vez que permanecem num ambiente competitivo e cheio de conflitos.

1.1.4 Falta de modelos e mentores

Para que as mulheres sejam recrutadas e mantidas com sucesso no sector da construção, precisam de ser apoiadas, treinadas e encorajadas (Amaratunga et al., 2007). Investigadores como Davidson (1987); Lewis e Cooper (1989), opinam que o avanço das mulheres nos seus locais de trabalho é inibido pela não disponibilidade de modelos e mentores apropriados. Devido à perceção dos compromissos e responsabilidades domésticas com que as mulheres se deparam, presume-se frequentemente que estão menos empenhadas na sua organização. Consequentemente, são susceptíveis de serem negligenciadas nas promoções e têm menos acesso a oportunidades de formação do que os seus homólogos masculinos (Gale e Cartwright, 1995). Esta situação, tal como observam Dainty et al. (1999), permite que os homens reforcem o seu poder organizacional, que pode, consequentemente, ser utilizado para afetar negativamente a carreira das mulheres. Em suma, a única forma de as mulheres se libertarem era demitirem-se da organização. No entanto, esta ação levou a que houvesse menos mulheres nos quadros superiores para servirem de modelo a potenciais candidatas, pelo que se pode considerar que o insucesso das mulheres contribuiu imensamente para a sua sub-representação.

Para este fim, a tutoria tem sido considerada fundamental para que as mulheres se interessem pelo sector. De acordo com Hoffman et al. (1999), os modelos tanto no sector da educação como na prática das várias profissões são cruciais para encorajar uma maior participação das mulheres na indústria da construção. Diz-se que as mulheres bem sucedidas na profissão são um desafio maior para influenciar a perspetiva da sociedade e a perceção da indústria.

1.1.5 Cursos de formação dominados por homens

Kolade e Kehinde (2012) observaram no seu trabalho de investigação que o facto de a admissão nas instituições superiores nigerianas para estudar cursos relacionados com a gestão de projectos/construção (tais como engenharia civil, tecnologia de construção, levantamento de quantidades, arquitetura, levantamento topográfico, gestão de projectos, gestão imobiliária) não é tendenciosa em termos de género, mas, na prática, os cursos e a formação de base fornecidos pelas instituições, organizações de formação e empregadores criam uma série de problemas para as mulheres decorrentes do ambiente dominado pelos homens e da cultura masculina (Gale, 1994). Kolawole e Boison (1999) também identificaram alguns dos factores responsáveis pelo baixo número de mulheres na construção, incluindo, entre outros, a atitude social negativa e o baixo número de inscrições de estudantes do sexo feminino em instituições primárias e terciárias. Imhanlahimi e Eloebhose (2006) examinaram os factores que militam contra a participação das mulheres na ciência e na tecnologia na Nigéria e encontraram seis factores-chave:

a. O processo de socialização na cultura nigeriana, em que as raparigas são protegidas e desencorajadas de actividades exploratórias e arriscadas, enquanto os rapazes são encorajados a ser assertivos e a desafiar os seus poderes mentais. Isto afecta a personalidade das crianças e a atitude subsequente em relação às áreas científicas que são consideradas mentalmente exigentes.

b. As expectativas tradicionais em relação aos papéis sexuais incentivam os rapazes a fazer disciplinas científicas mentalmente exigentes e as raparigas a fazer disciplinas mais suaves, como economia doméstica, que as podem ajudar a tornarem-se melhores donas de casa. Além disso, há casos em que as raparigas são encorajadas a abandonar as ciências para se prepararem para o casamento e para as obrigações familiares.

c. A noção de que as disciplinas científicas são difíceis, abstractas e masculinas, enquanto as artes e as humanidades são mais adequadas ao sexo feminino.

d. O papel das escolas, nomeadamente na aplicação dos seus currículos. As escolas dos rapazes dão preferência às ciências e à tecnologia, enquanto nas escolas das raparigas os currículos obrigam ao estudo da economia doméstica (esta não é ensinada de todo nas escolas dos rapazes).

e. A atitude dos professores influencia, por vezes, a escolha das disciplinas das raparigas, especialmente se tiverem um professor que acredita que o lugar da mulher é na cozinha. Esses professores dificilmente encorajariam as suas alunas a estudar disciplinas científicas.

f. A responsabilidade dos conselheiros de orientação consiste em orientar os alunos para a escolha de disciplinas para as quais têm talento natural, mas este papel é frequentemente desempenhado com um preconceito de género. Isto manifesta-se na desinformação que as raparigas recebem de que as disciplinas científicas e tecnológicas são masculinas e inadequadas para as raparigas.

Um estudo sobre a inscrição de estudantes em disciplinas relacionadas com a gestão de projectos aumentou e elas assumiram a liderança em termos de desempenho notável em todas as áreas de especialização; no entanto, apenas algumas pretendem seguir uma carreira em áreas técnicas da construção e continuam a ser menos do que os homens. Isto também é evidenciado nas admissões nas Universidades Nigerianas entre 2001 e 2004, como mostra a Tabela 2.2.

Tabela 2.2 Distribuição dos estudantes matriculados nas universidades nigerianas por género de 1986 a 2004

Year	Total Enrolment	Male enrolment	% Enrolment	Female enrolment	% Enrolment
1986	135,783.00	102,244.60	75.3	33,538.40	24.7
1987	150,613.00	111,001.80	73.7	39,611.20	26.3
1988	219,119.00	166,530.40	76	52,588.60	24
1989	307,702.00	215,391.40	70	92,310.60	30
1990	326,557.00	228,589.90	70	97,967.10	30
1991	368,897.00	239,783.00	65	129,113.90	35
1992	376,122.00	252,001.70	67	124,120.30	33
1993	383,488.00	258,087.40	67.3	125,400.60	32.7
1994	236,261.00	161,366.30	68.3	74,894.74	31.7
1995	391,035.00	256,910.00	65.7	134,125.00	34.3
1996	689,619.00	436,528.80	63.3	253,090.20	36.7
1997	862,023.00	526,696.10	61.1	335,326.90	38.9
1998	941,329.00	545,970.80	58	395,358.20	42
1999	983,689.00	550,865.80	56	432,823.20	44
2000	1,032,873.00	568,080.20	55	464,792.80	45
2001	1,136,160.00	624,888.00	55	511,272.00	45
2002	1,249,776.00	687,376.80	55	562,399.20	45
2003	1,274,772.00	726,620.00	57	548,152.00	43
2004	417,281.00	237,850	57	179,431	43

Nota: Dados provisórios Fonte: Adogbo, 2013

1.1.6 Práticas de recrutamento

Os problemas de recrutamento são uma tendência de longa data no sector da construção. Os termos e condições na indústria da construção eram geralmente pobres, independentemente do género (Amaratunga et al., 2000). Através do estudo levado a cabo por Fielden et al. (2001), foi referido que a indústria não oferece salários decentes, pensões e outros benefícios ao pessoal, especialmente ao nível do artesanato. Dainty et al (2000) descobriram que os gestores masculinos utilizam práticas de recrutamento discriminatórias que afastam muitas mulheres de se candidatarem a novos cargos em organizações contratantes. Isto deu origem à importância de atrair mais mulheres para a construção, apesar das questões fundamentais dos direitos das mulheres e do seu estatuto equitativo na sociedade (Gale, 1994).

As mulheres que procuram emprego ou oportunidades de aprendizagem no sector da construção enfrentam frequentemente empregadores que não estão dispostos a contratar mulheres ou a apoiá-las na conclusão de aprendizagens (Kolade e Kehinde, 2012) e é universalmente reconhecido que as mulheres enfrentam discriminação e estereótipos no recrutamento. A tradicional divisão de géneros no padrão de emprego da indústria da construção, ou seja, a segregação das mulheres em papéis tradicionais, "a parede de vidro", com as mulheres mais propensas a trabalhar em profissões administrativas e de secretariado, serviços pessoais e vendas, e os homens mais propensos a trabalhar na indústria e na produção, persistiu durante muito tempo (Gurjao, 2006). A autora supôs que as mulheres têm muito mais probabilidades do que os homens de trabalhar na administração pública, na educação e na saúde, que representam 41% do emprego das mulheres e apenas 15% do emprego dos homens, e na distribuição, hotelaria e restauração, que representam outros 23% em comparação com 18% do emprego dos homens.

Gale (1994) observou que a natureza cíclica da produção da construção, devido à sua sensibilidade ao ciclo económico subjacente, significa que a questão do recrutamento entra e sai da agenda, o mesmo acontecendo com a questão do recrutamento de uma maior proporção de mulheres. A natureza mutável do sector da construção foi também considerada responsável pelos elevados níveis de desemprego (Amaratunga et al., 2000). Hossain e Kusakabe (2005) descobriram que o processo de recrutamento é uma barreira importante identificada pelas mulheres técnicas para entrarem no sector da construção. Os empregadores preferem os homens para tarefas enfadonhas, sujas e perigosas, com longas horas de trabalho nos estaleiros, mesmo para tarefas como a conceção, a estimativa de custos, a cartografia e a documentação. A convicção geral é que as mulheres precisam de um nível razoável de força e

aptidão para um trabalho que exija uma força superior à média para levantar objectos e efetuar operações pesadas.

Alguns empregadores acreditam que a construção não é adequada para as mulheres e isso manifesta-se no processo de recrutamento, onde o emprego é frequentemente informal e através de contactos pessoais (*Dainty* et al., 2000). Inquéritos a empresas de projeto/construção mostram poucas mulheres na lista de pessoal e, nalguns casos, são contratadas principalmente como eventuais ou operárias (Kolade e Kehinde, 2012). Kehinde e Okoli (2003) também observaram que parte do problema de recrutamento enfrentado pelas mulheres era a perceção do seu potencial de emprego e as percepções tradicionais do papel e da carreira das mulheres fora de casa. Também foi referido que a cultura das organizações de construção permite práticas de recrutamento informais; estas podem incluir anúncios e brochuras que descrevem valores e interesses masculinos, entrevistas não estruturadas, critérios de seleção discriminatórios e atitudes sexistas (Fielden et al, 2000). De acordo com Dainty et al. (2000), os gestores manipulam a cultura numa organização através de: *"recrutamento (controlo sobre os tipos de pessoas que entram na organização), promoções e despromoções (controlo sobre quem atinge posições de influência dentro da organização), indução e socialização (uma forte influência sobre a dinâmica social dentro da organização), códigos de prática, declarações de missão e sistemas de recompensa/avaliação".*

1.1.7 Compromissos familiares

O conflito trabalho-família é definido como uma forma de conflito inter-papéis em que as exigências do trabalho e da família não podem ser satisfeitas simultaneamente e é um problema permanente para as mulheres com aspirações de carreira (Wentling, 1996). De acordo com a OIT (2000), os compromissos e as responsabilidades familiares são uma caraterística importante das profissões e, em especial, do trabalho na construção, uma vez que, por vezes, exige longas horas no local para ganhar experiência e reconhecimento, o que leva as mulheres que querem ter uma família e uma carreira a terem de fazer malabarismos com grandes responsabilidades em ambos os domínios.

Existe uma forte cultura dentro da indústria de que trabalhar muitas horas demonstra compromisso com o emprego (Sutherland e Davidson, 1993), e a falta de cumprimento de tais normas culturais pode ter um impacto negativo nas perspectivas de promoção e mesmo na segurança futura do emprego (feilden et al.,1999). O conflito entre o trabalho e as obrigações familiares, que muitos profissionais da construção experimentam, é mais agudo para as mulheres do que para os homens (Amaratunga et al., 2007).

O sector da construção não consegue apreciar algumas das questões associadas à combinação do trabalho e do compromisso familiar (Gale, 1994b), e as organizações tendem a tratar a família e o trabalho como completamente separados. Evetts (1993) descobriu que muitas mulheres na construção não sentiam que a gestão fosse uma carreira apropriada para elas devido ao conflito entre os compromissos familiares e profissionais. Aquelas que seguiam esse caminho tendiam a adotar uma atitude masculina em relação ao desenvolvimento da carreira, com as responsabilidades domésticas a ocuparem um lugar secundário em relação às responsabilidades profissionais (feilden et al., 1999). Através de um estudo realizado por Lingard e Lin (2004), foi sugerido que as mulheres na construção adoptam uma abordagem "ou ou" à carreira e à família. Também é possível que a perceção das mulheres da necessidade de fazer uma escolha entre o trabalho e a família signifique que as mulheres que optam por ter uma família, desenvolvem expectativas mais baixas da experiência de trabalho e, consequentemente, o conflito trabalho-família não tem um impacto negativo nos seus compromissos organizacionais. No entanto, as mulheres que esperam equilibrar o sucesso familiar e profissional no sector da construção podem ter dificuldades significativas. (Lingard e Lin, 2004).

2.4 Participação das mulheres no sector da construção.

Desde há alguns anos, a investigação identificou que existe um afluxo de mulheres para profissões como a advocacia, a contabilidade e a medicina, todas as quais requerem qualificações de alto nível, mas são consideradas atractivas devido ao seu elevado nível de estatuto social. Hoje em dia, pode dizer-se que o rácio de homens e mulheres nestes sectores é quase igual, mas o mesmo não se pode dizer dos vários sectores da indústria da construção (Gurjao, 2006).

A participação das mulheres na indústria da construção está a aumentar gradualmente, mas ainda estão muito sub-representadas (Dainty et al., 2000). Na Nigéria, Kehinde e Okoli (2003) observaram que, entre 1980 e 1992, houve um aumento na inscrição de mulheres em cursos relacionados com a construção, mas apenas algumas acabaram por fazer carreira. Afirmou ainda que o número de matrículas de mulheres na universidade na Faculdade de Artes e Humanidades aumentou entre 29% e 36,6%, enquanto o de Engenharia e Estudos Ambientais continua abaixo da média. Adogbo (2014), na sua investigação, também observou a distribuição dos estudantes matriculados nas universidades nigerianas por género de 1986 a 2004. Embora em menor número do que os homens, as matrículas femininas aumentaram de 24,7% para 43%. O maior número de participação feminina foi encontrado em posições profissionais, como registado no Reino Unido, onde 5% das mulheres constituem a força de trabalho de engenharia civil, e 9% na Austrália, contra 2,7 em 1980 (Francis, 2007; Watts, 2009). Dainty et al. (1999) reiteraram no seu trabalho que, ao longo da década de 1990, foi desenvolvido um argumento comercial para atrair mulheres para o sector. De acordo com o seu relatório, estes argumentos assentam em duas premissas: em primeiro lugar, a economia está a subutilizar o leque de competências e talentos disponíveis na população e, em segundo lugar, é essencial que as organizações aumentem a sua eficiência e eficácia, projectando uma autoimagem mais pluralista e alargando assim o seu leque de potenciais clientes.

Gale (1994) também enfatizou que, dada a tendência geral de longo prazo dos problemas de recrutamento na indústria da construção, a importância de atrair mais mulheres para a construção faz sentido em termos económicos, para além das questões fundamentais do direito das mulheres e do seu estatuto equitativo na sociedade. O autor concluiu dizendo que "parece que a indústria está a pescar em apenas meio oceano ao não recrutar mulheres" e que as poucas mulheres que têm desfrutado de uma carreira na indústria da construção estão a adaptar-se, a promover o processo e a procurar permanecer nas suas zonas de conforto, criando assim nichos especiais na indústria.

2.5 Perspectivas do género feminino (capacidades naturais)

O conceito de self, tal como apresentado por Baron e Byrne (2000), é um quadro cognitivo que determina a forma como processamos a informação sobre nós próprios, incluindo os nossos atributos físicos, traços de personalidade, papéis, motivos, estados emocionais, auto-avaliações e capacidades. De acordo com Kolawole e Boison (1999), em relação às capacidades naturais de homens e mulheres, os homens são superiores em termos de velocidade e coordenação dos movimentos corporais e as mulheres também são superiores em termos de velocidade e precisão da perceção, memória, cálculo numérico, fluência verbal e capacidades linguísticas em geral. Uma vez que as mulheres estão normalmente associadas a profissões como secretárias, gestoras de pessoal e enfermeiras, etc., são normalmente pressionadas a conformarem-se com as suas expectativas de papel, especialmente quando a sociedade desaprova as mulheres que estão envolvidas em profissões consideradas de natureza masculina. A intensidade dessas pressões leva as mulheres a aceitar as expectativas generalizadas como parte da sua própria identidade (Baum, Fisher e Singer, 1985; Newman e Newman, 1991; Rasmussen, 2001). O objetivo da investigação conduzida por Chandra e Loosemore (2004) era explorar as auto-percepções das mulheres na indústria da construção e colocá-las em perspetiva, comparando-as com a auto-perceção feminina noutras indústrias dominadas por homens e mulheres. O resultado do estudo indicou que as mulheres na indústria da construção emergiram positivamente com o nível global mais elevado de autoestima. Esta conclusão mostra que os impedimentos à progressão da carreira das mulheres na indústria da construção não são tão significativos como se diz na literatura e que as mulheres estão a ultrapassá-los de forma mais objetiva do que se pensa.

2.6 Fases de progressão na carreira

O desenvolvimento/progressão na carreira é definido como o alinhamento entre o planeamento individual da carreira e os processos organizacionais de gestão da carreira, de modo a obter uma correspondência óptima entre as necessidades individuais e organizacionais (McLagan, 1989). Dainty et al. (2000) investigaram as carreiras de homens e mulheres que trabalham em grandes empresas de construção, a fim de determinar as influências do género na progressão da carreira das mulheres. As suas conclusões revelaram que a disparidade de género na progressão na carreira era determinada por uma série de factores culturais e estruturais, juntamente com as estratégias de sobrevivência de homens e mulheres para ultrapassarem os constrangimentos e as oportunidades de carreira à medida que iam surgindo. O modelo de progressão na carreira das mulheres foi ainda resumido por Lu e Sexton (2010) que, de acordo com a investigação, se baseou em dois quadros dominantes: o modelo genérico de desenvolvimento da carreira feminina de O'Neil e Bilimoria (2005, p.170) e o modelo de desenvolvimento da carreira de gestão feminina sénior de White (1995, p.10). A síntese dos dois quadros é apresentada no Quadro 2.3:

Quadro 2.3: Modelo de desenvolvimento de carreira feminino bem sucedido

Phase (adapted from	Stage (adapted from White 1995)	Description (adapted from White, (1995) O' Neil and Bilmoria, 2005)
Phase 1: Exploration (before age 24))	Childhood	Character building
		Developing career-orientation
	Early adult transition	Early commitment to an occupation
	17-25 years	Testing of initial choices about preferences for living
	Entering the adult world: Mid-20s	Identify diffusion caused by role conflict relation to work and non-work
		Rejection of the housewife role/separation from Partner, resulting in growth of career sub- identity Among late starters
		High career centrality among early starters (go-getters
		Seek opportunities to practice chosen occupation/ Profession
Phase 2: Idealistic Establishment: Achievement (ages 24-35)	Period of rapid learning and development	
	23-33 years	establishing a reputation as a high achiever
	Early-30s transition: 33-35 years	Raised awareness of biological clock-decision whether to have children
	Settling down: 35 years	Decision about motherhood resolved
		Minimum maternity leave
		Strive towards the achievement of personal goals
Phase 3: Pragmatic endurance (Ages 36 - 45)	Late-30s transition: 38-40 years	Regret lack of children
		Family-career conflict
		Move in response to glass ceiling
Phase 4: Reinvent Contribution (ages46- 60)	Achievement:	Resolution of career and family conflict
	40-50 years	Rationalize decision not to have children
		Realization of personal goals
		Develop greater stability and consolidate Achievements to date
	Maintenance: 50s onwards	Continued growth and success
		Cycle of expansion and consolidation

Fase 1: Exploração (antes dos 24 anos): A escolha de carreira das mulheres é determinada em grande medida pela sua socialização precoce. Os factores incluem o contexto familiar, a educação e os modelos a seguir, as oportunidades e experiências educativas.

Fase 2: Realização idealista (24 - 25 anos): Esta fase começa com a transição do ensino para a vida ativa. Uma parte das mulheres tem uma sensação de choque com a realidade. Esta fase é uma fase de adaptação e, por isso, a tarefa principal da pessoa é a orientação para as exigências do trabalho. As mulheres nesta fase vêem-se a si próprias como responsáveis pelas suas carreiras e planeiam estrategicamente a forma de alcançar o sucesso.

Fase 3: Resistência pragmática (idades 36 - 45): Uma vez ultrapassada a fase 2, as mulheres continuam a adaptar-se ao mundo do trabalho e, com o tempo, começam a dar um contributo mais tangível para as suas organizações. As mulheres nesta fase estão numa idade em que as responsabilidades familiares têm maior probabilidade de ter um forte impacto nas suas carreiras. Existem dois resultados estilizados alternativos para esta fase. Ou as mulheres encontram as suas carreiras estagnadas ao nível da gestão intermédia e já não procuram promoção; ou as mulheres entram num período de "sucesso" e auto-afirmação no início da carreira. Os diferentes resultados são regidos tanto pelas oportunidades de provar as suas capacidades como pela calendarização dos principais ritos de passagem da "fase etária" da carreira organizacional.

Fase 4: Reinventar a contribuição (46-60 anos): As mulheres nesta fase vêem a sua carreira como uma oportunidade de dar um contributo significativo em várias áreas. Para estas mulheres, o sucesso está relacionado com o reconhecimento, o respeito e uma vida integrada. Este processo é muito mais influenciado por factores não profissionais (por exemplo, casamento, família, ambições de vida, ambições profissionais) do que nas fases anteriores da carreira.

2.7 A síndrome do tubo com fugas

O conceito de "fuga na conduta" (leaky pipeline) tem sido utilizado para designar o desgaste constante de raparigas e mulheres ao longo do sistema formal de ciência e tecnologia, desde o ensino primário até à tomada de decisões. Existem cinco grandes obstáculos à participação de mulheres e raparigas na indústria ou "fugas" na conduta. Estes são identificados como atitudes socioculturais; educação; nomeações académicas; profissões científicas e tecnológicas; desenvolvimento e transferência. Quatro aspectos da "fuga" na conduta no que respeita às mulheres no emprego científico em New Research on women, science and higher education delineados por Judith Glover, (2005) citado em Gurjao, 2006 são

- Qualificação - obter as qualificações
- Traduzir - qualificações em emprego
- Persistência - no emprego (retenção)

• Avanço - (progressão).

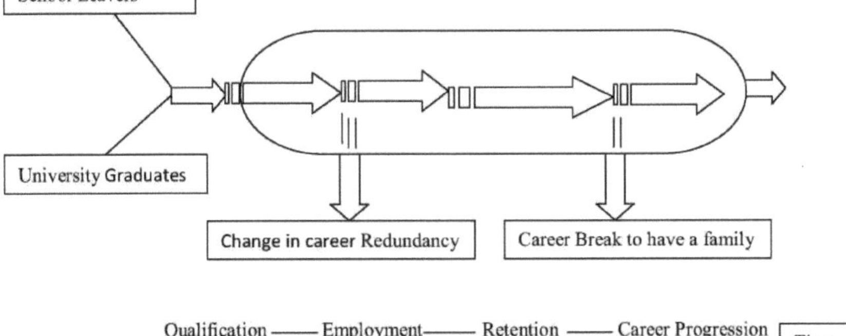

Figura 2.1: "A conduta com fugas".
Fonte :(Baseado no estudo de Salford, Gurjao, 2006)

Traduzir as qualificações em emprego parece ser a maior barreira à entrada no sector da construção (Link, 2006). Gurjao (2006), na sua investigação, referiu que cerca de 30.000 mulheres deixam os seus empregos anualmente devido à falta de direitos de maternidade. Os sectores da indústria transformadora e da construção destacam-se pelas suas disposições inferiores à média em matéria de benefícios de maternidade e de cuidados infantis. Além disso, os benefícios de maternidade, quando implementados, estão diretamente ligados a elevadas taxas de retenção, que algumas empresas consideram mais baratas do que o recrutamento e a formação de novo pessoal. A "fuga de informação", ou seja, a tendência para abandonar a carreira em resultado das políticas das empresas, pode ter mais a ver com a diminuição da percentagem de mulheres na construção, contribuindo assim para a escassez de mulheres no sector.

2.8 Desenvolvimento da carreira das mulheres na construção

O desenvolvimento da carreira refere-se ao crescimento pessoal e profissional a longo prazo dos indivíduos (London, 1993). A existência de práticas eficazes de desenvolvimento da carreira não só aumenta o crescimento e a autoestima dos trabalhadores para que estes utilizem as suas competências e conhecimentos, como também pode servir de elo importante para reter os bons trabalhadores e mantê-los na organização

(Eisenberger et al, 1986). A decisão dos trabalhadores de ficar ou sair pode depender do facto de obterem ou não apoio no trabalho e no crescimento pessoal. Para tal, é necessário que os empregadores forneçam recursos, ferramentas e o ambiente adequado para assegurar o desenvolvimento pessoal contínuo. Por conseguinte, o desenvolvimento da carreira tem a ver com o desenvolvimento dos trabalhadores. Isto é benéfico tanto para o indivíduo como para a organização. Os programas eficazes de desenvolvimento da carreira melhoram o desempenho individual no trabalho através da aprendizagem e adaptação contínuas, enquanto a organização oferece relações de desenvolvimento favoráveis aos seus trabalhadores (Foong- ming, 2008). O plano de desenvolvimento da carreira ajuda o trabalhador a atingir o seu potencial máximo e a obter resultados de elevado desempenho conducentes à excelência.

Figura 2.2: Um plano de desenvolvimento de carreira típico.

Fonte: (Iyortyer, 2014).

O desenvolvimento da carreira e as oportunidades podem ser obtidos através de programas de formação formal, aprendizagem no local de trabalho, associações profissionais, projectos de equipa e avaliações e feedbacks regulares do desempenho. De acordo com Russell (1991), as intervenções organizacionais utilizadas nos programas de desenvolvimento da carreira são definidas como "quaisquer esforços das organizações para ajudar os indivíduos a gerir as suas carreiras e para ajudar as organizações a atingir os seus objectivos". Estes esforços podem consistir em estratégias, políticas ou programas que vão do informal e não estruturado ao altamente formal e estruturado. Russell (1991) ilustrou ainda que as intervenções incluídas nos programas devem incidir sobre a carreira interna ou externa e são concebidas para satisfazer as necessidades dos recursos humanos que podem influenciar o desenvolvimento da carreira dos trabalhadores. Larwood e Gutek (1987) concluíram também que qualquer teoria sobre a evolução da carreira das mulheres deve ter em conta cinco factores:

1. Preparação para a carreira, ou seja, a forma como as mulheres são educadas para encarar a ideia de uma carreira e se acreditam que a vão ter ou não.
2. A disponibilidade de oportunidades deve ser tida em consideração, e se estas são limitadas para as mulheres, em comparação com os homens.
3. O casamento, considerado neutro para os homens mas prejudicial para a carreira das mulheres.
4. Do mesmo modo, a gravidez e o nascimento de filhos levam inevitavelmente as mulheres a fazer uma pausa na carreira.
5. O tempo e a idade, uma vez que as interrupções de carreira e as deslocalizações familiares implicam frequentemente que as carreiras das mulheres não sigam os mesmos padrões cronológicos que as dos homens.

Kappia et al. (2005) identificaram como impedimentos relacionados com o desenvolvimento da carreira a apatia, a questão do financiamento externo, o empenhamento na função profissional, as questões institucionais, o acesso, os compromissos externos e a acessibilidade.

2.9 Teorias feministas/de género

As teorias feministas ou de género estão principalmente preocupadas com variáveis não relacionadas com o mercado de trabalho. A premissa básica destas teorias é que a posição das mulheres no mercado de trabalho surge como resultado da posição subordinada das mulheres numa sociedade tradicional e patriarcal (Dainty e Lingard, 2006). O género é fundamental para a cultura das organizações (Dainty et al., 2000). As organizações formam "culturas de género" conhecidas por serem hierárquicas, patriarcais, segregadas em função do sexo, sexualmente divididas, estereotipadas em função do sexo, discriminatórias em função do sexo, sexualizadas, sexistas, misóginas, resistentes à mudança e com estruturas de poder baseadas no género (Newman e Itzin, 1995).

Na maior parte das sociedades, o trabalho doméstico, os cuidados às crianças e aos dependentes são considerados como sendo da responsabilidade das mulheres, enquanto os homens desempenham o papel de provedor ou de "ganha-pão" (Badgett e Folbre, 1999). Apesar do maior empenhamento das mulheres no trabalho remunerado, a investigação empírica revela que a principal responsabilidade pelas tarefas domésticas na maioria dos agregados familiares continua a ser das mulheres (Roxburgh, 2002). Os teóricos feministas sugerem que esta divisão de responsabilidades explica o facto de as mulheres acumularem menos capital humano, uma vez que tendem a ter carreiras truncadas devido ao abandono precoce ou temporário do mercado de trabalho (Dainty e Lingard, 2006).

Teorias do patriarcado

A principal explicação oferecida pelas teorias do patriarcado para a subordinação das mulheres é o facto de a segregação por profissão ser utilizada para restringir as mulheres ao "gueto" do trabalho mal pago, limitando a concorrência ao erguer/construir muros de vidro e fazendo com que as mulheres ganhem invariavelmente menos do que os homens (Gurjao, 2006).

A teoria **de Steven Goldberg** sobre a inevitabilidade da dominação masculina e do patriarcado, baseada em processos psicofisiológicos, defende que a testosterona e outras diferenças no desenvolvimento psicológico masculino tornam os homens geralmente mais agressivos, auto-afirmativos, dominantes e competitivos e são uma fonte de diferenças sexuais na motivação, ambição e comportamento. Consequentemente, procuram invariavelmente obter a posição de topo em qualquer hierarquia, quer se trate da força de trabalho, do desporto, da política, do crime ou de qualquer outra área de atividade social com uma hierarquia de estatuto e de poder que estimula o comportamento competitivo. Afirma ainda que os homens podem não ser necessariamente capazes, competentes ou eficazes na utilização de posições de poder e autoridade, apenas que são motivados a procurar essas posições com maior determinação e persistência do que as mulheres, e estão mais dispostos a fazer sacrifícios para lá chegar, em termos de renúncia a outras actividades ou benefícios (Hakim, 1996).

A teoria de **Hartmann** sobre o patriarcado, a organização masculina e a segregação profissional define o patriarcado como a dominação dos homens sobre as mulheres; especificamente, o controlo dos homens sobre o trabalho das mulheres, com ênfase explícita na segregação profissional como o principal mecanismo utilizado pelos homens para restringir e limitar o acesso das mulheres ao rendimento e aos ganhos, forçando a divisão doméstica do trabalho com uma parte desproporcionada do trabalho doméstico e da responsabilidade de cuidar das crianças, excluindo-as assim do trabalho remunerado e tornando-as dependentes dos homens. Isto pode ser dito simplesmente como uma organização masculina para promover os seus interesses contra os das mulheres, especialmente para controlar o salário do trabalho das mulheres, que continua a ser a base da maioria das formulações actuais (Hakim, 1996).

A teoria de **Becker** sobre as escolhas racionais no seio das famílias defende que a divisão sexual do trabalho leva a que os homens invistam mais no seu capital humano: educação, formação, desenvolvimento de carreira e experiência profissional. As mulheres tendem a dar prioridade à família e a escolher empregos menos exigentes e compatíveis com as responsabilidades domésticas. Isto resulta numa segregação profissional, uma vez que as mulheres tendem a procurar empregos menos exigentes ou que requerem menos responsabilidade (Hakim, 1996).

Teorias da segregação profissional

As teorias que tentam explicar o estabelecimento e a manutenção da segregação incluem as que se baseiam nas diferenças individuais, incluindo a teoria do capital humano; as que se baseiam em ideias de discriminação por parte dos empregadores, incluindo as teorias da discriminação no mercado de trabalho e dos preconceitos racionais; e as que tomam como premissa central a noção de barreiras sistémicas no seio das organizações, incluindo as teorias intergrupais e do trabalho dual. Embora nenhuma teoria explique por si só o estabelecimento e a continuação da segregação entre homens e mulheres, em conjunto, ajudam a dar sentido a estes fenómenos laborais. Tem havido relativamente pouca investigação empírica para testar estas teorias a nível organizacional.

Há, portanto, uma série de influências que afectam a segregação profissional, e a investigação mostra que estas se reforçam mutuamente. As decisões tomadas pelos indivíduos contribuem certamente para a perpetuação da segregação profissional, mas a perceção da segregação profissional influencia, por sua vez, as escolhas dos indivíduos (Miller, Neather, Pollard e Hill, 2004a).

As várias teorias avançadas para explicar a continuação da segregação de género, a restrição da progressão na carreira e os salários mais baixos das mulheres no trabalho podem ser agrupadas em três categorias diferentes:

- As que se centram nas diferenças individuais e objectivas entre os sexos que explicam a relativa falta de sucesso das mulheres em comparação com os homens.
- Explicações baseadas na discriminação por parte dos empregadores.
- Explicações baseadas na existência de barreiras sistémicas e de discriminação estrutural.

As teorias **das diferenças individuais** sugerem que existem diferenças objectivas entre os sexos; factores como as atitudes, os traços e os comportamentos das mulheres impedem-nas de serem bem sucedidas ao mesmo ritmo que os homens. Propõem igualmente que as mulheres e os homens realizam trabalhos diferentes porque as mulheres e os homens são diferentes. No entanto, os estudos que examinaram características relevantes para o trabalho encontraram, de facto, poucas diferenças entre os sexos.

A teoria do capital humano salienta o facto de as mulheres terem um nível inferior de capital humano em termos do que trazem para o mercado de trabalho. Os teóricos do capital humano partem do princípio de que a principal prioridade das mulheres é criar uma família e que, por conseguinte, optam por limitar a sua participação no mercado de trabalho (Dainty e Lingard, 2006). Existe uma versão mais específica da teoria da diferença individual que defende que as pessoas são recompensadas pelo seu investimento anterior na sua própria educação e formação. Se as qualificações e a experiência se mantiverem constantes, como no caso da profissão de enfermeiro, continua a haver uma vantagem para os homens em relação às mulheres que não pode ser explicada pelas diferenças no capital humano. Por conseguinte, a teoria do capital humano não explica totalmente as diferenças nos actuais padrões de emprego de homens e mulheres. As mulheres tendem a dar prioridade ao trabalho familiar ou doméstico, optando por limitar a sua participação no mercado de trabalho, o que resulta numa diminuição das suas competências, qualificações e experiência e, por conseguinte, num decréscimo do valor do seu capital humano (Dainty e Lingard, 2006).

Discriminação por parte dos empregadores

Este grupo de teorias baseia-se no princípio de que a segregação profissional resulta da crença dos empregadores de que existem diferenças entre os sexos que tornam um dos sexos menos adequado para o emprego (Gurjao, 2006).

2.10 Segregação profissional

Um estereótipo profissional é uma forma de estereótipo de papel sexual, ou seja, um conjunto de suposições sobre os tipos de actividades e interesses que estão associados aos papéis dos homens e das mulheres na sociedade (Gurjao, 2006). Ao longo dos anos, têm sido apresentadas várias teorias para explicar esta segregação generalizada das profissões em função do género. A segregação ocorre em primeiro lugar e é depois incorporada em estereótipos e normas e expectativas culturais, que servem de base ao processo de segregação. De um modo geral, as pessoas têm a perceção de que uma profissão é desempenhada principalmente por homens ou por mulheres e acreditam que essa profissão deve exigir atributos masculinos ou femininos para que um indivíduo seja eficaz nesse papel. Observam-se duas formas diferentes de segregação profissional por sexo. A segregação horizontal refere-se à distribuição de homens e mulheres pelas profissões, por exemplo, as mulheres podem ser vistas a trabalhar como empregadas domésticas, cuidadoras, enfermeiras e secretárias e os homens como camionistas e médicos. A segregação vertical refere-se à distribuição de homens e mulheres na mesma profissão, mas com maior probabilidade de um dos sexos estar num grau ou nível mais elevado, por exemplo, os homens são vistos como mais susceptíveis de serem supervisores de produção e as mulheres trabalhadoras de produção, e os homens são mais susceptíveis de serem gestores seniores e as mulheres gestores juniores (CIOB, 2006).

2.11 Teto de vidro

O síndroma do "teto de vidro" foi cunhado pelo Wall Street Journal há alguns anos para significar uma barreira organizacional invisível, implícita mas impenetrável, que impede as mulheres de alcançarem a paridade com os seus homólogos masculinos nos níveis mais elevados da escada empresarial (Maxwell, 2007). O "teto de vidro", tal como descrito pela Glass Ceiling Commission nos EUA, como: "... barreiras invisíveis e artificiais que impedem os indivíduos qualificados de progredir na sua organização e de atingir o seu pleno potencial".

Originalmente, o termo descrevia o ponto a partir do qual as mulheres gestoras e executivas, em particular as mulheres brancas, não eram promovidas (Gurjao, 2006). O "teto de vidro" refere-se a uma barreira invisível que as mulheres enfrentam quando tentam ser promovidas para os níveis mais elevados das organizações ou quando procuram emprego em alguns sectores. De acordo com a Microsoft Encarta World Encyclopaedia, o termo "teto de vidro" é uma "barreira à progressão na carreira: um impedimento não oficial mas real à progressão de alguém para cargos de gestão de nível superior devido à disseminação baseada no género, idade, raça, etnia ou preferência sexual da pessoa" (Kolade e Kehinde, 2012). Morgan (1998) descreve-o como os casos em que as mulheres começam as suas carreiras em pé de igualdade com os homens e perdem terreno gradualmente ao longo do tempo, ou continuam a progredir a par do seu homólogo masculino até que, a dada altura, o seu progresso é bloqueado.

Kolade e Kehinde (2012) observaram que o Governo Federal da Nigéria, no seu Terceiro Plano de Desenvolvimento Nacional, defendeu a participação de (35%) das mulheres em posições estratégicas/gerenciais, tanto em carreiras tradicionais como não tradicionais. Segundo eles, este facto aumentou a representação das mulheres na gestão e na elaboração de políticas do país. Também em comparação com os homens, as mulheres são frequentemente deixadas para trás quando se trata de progredir, apesar de terem a mesma formação académica e experiência profissional. Verificou-se que a síndrome do teto de vidro continua a existir, tendo em conta vários estudos realizados em sectores que vão desde a indústria transformadora até aos bens de consumo de alta tecnologia, salientando o facto de as mulheres ultrapassarem frequentemente os seus colegas do sexo masculino em muitas características de liderança e capacidade de gestão (Barbara, 2005). Os resultados de um estudo do Hagsberg Consulting Group, sediado na Califórnia e realizado em 2000, revelam que as mulheres executivas ultrapassam os seus homólogos masculinos em quarenta e duas de cinquenta e duas competências essenciais de gestão.

Especificamente, as mulheres executivas, quando avaliadas pelos seus pares, chefes e subordinados, obtêm resultados mais elevados do que os seus colegas masculinos em medidas como a produção de trabalho de alta qualidade, a definição de objectivos e a orientação. As mulheres também são aplaudidas por serem mais colaboradoras, melhores motivadoras e mais dispostas a partilhar informações com os outros do que muitos homens (Sharpe, 2000). Apesar destas conquistas, as mulheres continuam a esforçar-se por sair e crescer da opressão masculina e passar para níveis mais elevados (Kolade e Kehinde, 2012).

2.12 Conhecimento da carreira e direitos legais

Ao contrário dos homens, é pouco provável que as mulheres que entraram recentemente no sector tenham sido aconselhadas a ingressar no sector por amigos e familiares, ou que tenham sido aconselhadas por modelos do mesmo sexo com experiência de trabalho na construção. Pelo contrário, tendem a ter sido objeto de campanhas de recrutamento específicas ou a ter lido literatura especificamente destinada a atraí-las para o sector. Consequentemente, tinham uma fraca compreensão inicial da cultura do sector e das dificuldades inerentes ao trabalho num ambiente tão dominado pelos homens (Dainty et al., 1999). O CITB (2003) concluiu que os pais, os professores e as crianças em idade escolar acreditam que os empregos na indústria da construção se limitam a alvenaria, carpintaria, pintura e decoração. Verificou-se também que os professores, os pais, os conselheiros de carreira e os alunos têm apenas um conhecimento vago e superficial do sector. Os professores e os conselheiros de carreira foram considerados pelos estudantes do ensino secundário, universitários e licenciados como fornecendo informações inexactas e inadequadas sobre a indústria da construção.

Devido à variedade de cursos e à diversidade de percursos profissionais, até os conselheiros profissionais consideram confuso o tema do aconselhamento de carreiras para a construção (Gale, 1994a). Além disso, o ensino superior da construção, que para a maioria formava a interface entre a escolha de carreira e o trabalho na indústria, foi considerado como tendo proporcionado um ambiente protegido e apresentado uma visão higienizada das realidades da vida profissional no sector. Estes factores fizeram com que as mulheres mais jovens ficassem desiludidas com a realidade das oportunidades de carreira e, consequentemente, muitas procuraram posições alternativas fora da indústria (Dainty et al., 1999).

Embora se tenha verificado uma maior sensibilização entre os estudantes de nível "A" e os estudantes universitários, no que diz respeito a actividades profissionais como a engenharia e a arquitetura, o estatuto da indústria como oportunidade de carreira não se compara favoravelmente com outras opções (Harris, 1989). Isto deve-se principalmente ao facto de as escolhas de carreira das raparigas e, em particular, o seu incentivo para entrarem em profissões não tradicionais serem fortemente influenciados pela família, amigos e professores (Agapiou, 2002).

A decisão de escolher uma carreira na indústria da construção deve ser tomada com bastante antecedência ao nível das escolas, particularmente por aqueles que pretendem ser um profissional da construção no futuro. Quanto mais os alunos de ambos os sexos souberem sobre a indústria da construção, maior será a probabilidade de ambos os sexos escolherem uma carreira na indústria da construção. O conhecimento da natureza das ocupações profissionais da indústria da construção, as vias de ensino superior para o estatuto profissional e as oportunidades de carreira na construção foram consideradas extremamente importantes pelos alunos da escola que estão a considerar uma licenciatura em construção. Por isso, as carreiras numa indústria devem ser transmitidas aos estudantes da escola (Gale, 1994a).

Da mesma forma, no que diz respeito ao conhecimento dos seus direitos, muitas mulheres no sector da construção nigeriano não estão conscientes dos seus direitos legais. A Organização Internacional do Trabalho (OIT) formulou os seguintes direitos básicos para as mulheres em qualquer sector, nomeadamente

- O direito à igualdade de tratamento
- O direito à igualdade de oportunidades de formação e de carreira
- O direito à proteção da maternidade
- O direito de conciliar o trabalho e as responsabilidades domésticas
- O direito ao trabalho remunerado
- O direito a um ambiente de trabalho seguro e saudável, livre de assédio sexual.

O Capítulo IV da Constituição da República Federal da Nigéria de 1999, nos seus artigos 33º, 34º, 35º, 42º e 45º, abrange os direitos das mulheres, mas as questões culturais da indústria dominada pelos homens dificultam a aplicação destas leis.

2.13 Determinantes de carreira das mulheres no sector da construção

As carreiras podem ser vistas como sendo determinadas pelas dimensões mutuamente interdependentes da estrutura, da cultura e da ação individual no seio de uma organização (Dainty et al., 1999). As organizações formam um sistema cultural que promove simultaneamente a competição e a cooperação. Nas organizações, dois aspectos estruturais estabelecem o quadro em que os trabalhadores podem desenvolver as suas carreiras: a estrutura da organização e os processos organizacionais que definem os padrões de trabalho (Evetts, 1996). As estruturas organizacionais proporcionam motivação aos trabalhadores na prossecução dos seus objectivos profissionais em termos de realização psicológica (Dainty et al., 1999).

Os quadros que ligam os postos e as posições numa hierarquia organizacional são conhecidos como estruturas de carreira, que são definidas por escalas salariais e de promoção.

Dainty et al. (1999), na sua investigação, apresentaram oito (8) dados genéricos (modelo) que foram utilizados para concetualizar as explicações do insucesso das mulheres em relação aos factores determinantes da sua carreira. Embora este modelo apresente uma concetualização demasiado ordenada dos factores emergentes que influenciam a carreira, a sua utilização permitiu uma categorização lógica dos factores determinantes da carreira das mulheres.

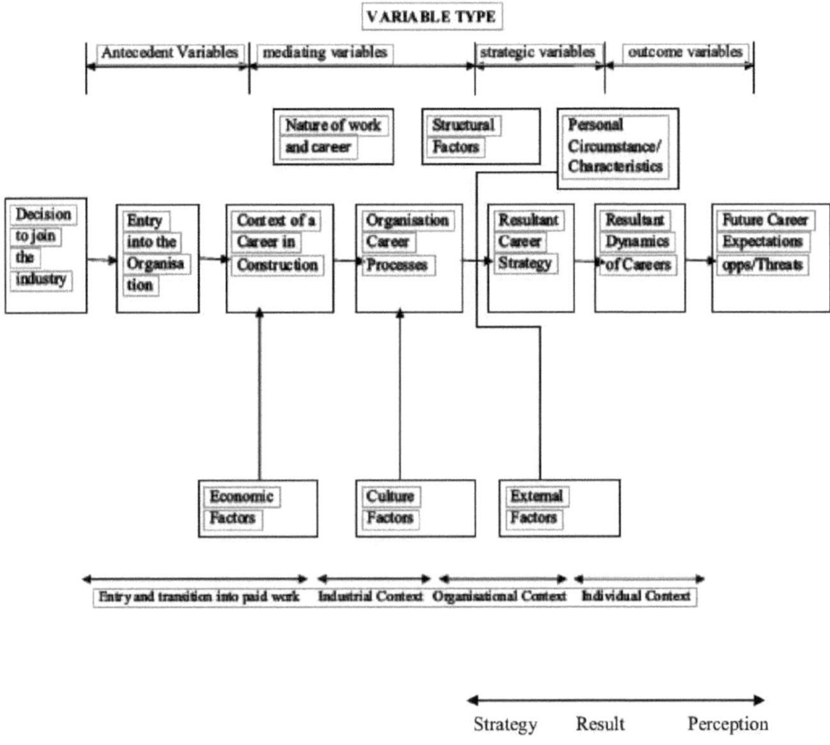

Context of issue coded into framework.

Fig 2.3 Quadro analítico para a investigação das carreiras na construção

Fonte: Dainty et al. (1999)

Se a teoria desenvolvida como parte deste estudo se refletir em todo o sector, as tentativas de atrair mais mulheres devem ser moderadas até que a estrutura e a cultura das suas organizações tenham sido desenvolvidas para se tornarem mais receptivas ao seu emprego. As iniciativas que visam essa mudança devem ser capazes de manipular a cultura do ambiente de trabalho na construção, bem como de remover os constrangimentos estruturais às carreiras das mulheres.

2.14 Mentoria no sector da construção

A tutoria é uma relação a longo prazo entre duas pessoas, o mentor e o mentorando. O objetivo da relação é que o mentor partilhe os seus conhecimentos e experiência com o mentorando e esteja disposto a oferecer orientação e encorajamento, bem como a ajudar o mentorando a reavaliar os seus progressos à medida que a relação progride. A tutoria envolve uma parceria entre o mentor e o mentorando que trabalham numa área semelhante ou partilham experiências semelhantes. Trata-se de uma relação de ajuda baseada na confiança e no respeito mútuos. É uma forma eficaz de ajudar as pessoas a progredirem nas suas carreiras (Iyortyer, 2014). Um mentor é um guia que pode ajudar o mentorando a encontrar a direção certa e que o pode ajudar a desenvolver soluções para problemas de carreira. Os mentores baseiam-se no facto de terem tido experiências semelhantes para ganharem empatia com o mentorando e compreenderem os seus problemas. Um mentor pode ser um empregado da empresa ou um profissional externo à empresa. Numa profissão dominada pelos homens, como é o caso do sector da construção, o mentor é uma ferramenta muito importante para as mulheres profissionais. O mentor é capaz de fornecer orientação a um funcionário menos experiente e ajudar o mentorado a acreditar em si próprio e a aumentar a sua confiança (Iyortyer, 2014).

Qualidades de um Mentor

- Compromisso pessoal de estar envolvido com outra pessoa durante um período de tempo prolongado.
- Respeito pelos indivíduos, pelas suas capacidades e pelo seu direito de fazer as suas próprias escolhas na vida.
- Capacidade de ouvir e de aceitar diferentes pontos de vista.

- Capacidade de sentir empatia pelos desafios de outra pessoa.
- Capacidade de ver soluções e oportunidades, bem como obstáculos.
- Flexibilidade e abertura.

A tutoria é uma parte essencial do desenvolvimento do sector da construção de qualquer país. O Conselho da Indústria da Construção (CIC) no Reino Unido criou o FLUID,

Programa de Mentores para a Diversidade. Trata-se de um esquema inovador desenvolvido pelos Arquitectos do RIBA e pelo Conselho da Indústria da Construção (CIC) para recrutar profissionais talentosos de diferentes origens para funções de gestão e liderança no ambiente construído. O programa destinava-se a mentorados que se encontravam numa fase-chave do desenvolvimento das suas carreiras, por exemplo, estudantes que transitam para o nível de profissional, profissionais recém-qualificados que transitam para gestores juniores, gestores juniores que transitam para profissionais seniores/associados e mais além e profissionais individuais que esperam expandir os seus negócios.

Um novo tipo de relação de mentoria que existe no sector da construção é o speed Mentoring. Trata-se de um evento organizado em que os especialistas do sector da construção dispõem de 10 a 15 minutos com os mentorados. Os mentorados têm a oportunidade de discutir um desafio, um problema ou pedir conselhos sobre a sua carreira. O conceito tem tido grande sucesso, nomeadamente em eventos de networking para mulheres no Reino Unido. Os eventos "Women of the World" cresceram devido à sua popularidade, com 90 mulheres a serem acompanhadas no primeiro ano e 300 no segundo. As mulheres do mundo são um evento gratuito que se realiza no Reino Unido para incentivar a entrada de mais mulheres no sector da construção. Foi realizado pela primeira vez em 2013. O evento foi criado para encorajar arquitectos, engenheiros, avaliadores de quantidades, gestores de projectos e outros profissionais da indústria da construção em início de carreira. O evento não era apenas para mulheres, destinava-se a pessoas que desejavam estabelecer contactos com pessoas que pensavam da mesma forma e participar num evento que incentiva mais mulheres a entrar, permanecer e progredir no sector da construção.

Algumas organizações que oferecem programas de mentoria para mulheres na Nigéria são

1. Programa de Mentoria WIMBIZ - foi estruturado para satisfazer as necessidades das mulheres em crescimento na gestão, nos negócios e na administração pública que procuram desenvolvimento e

crescimento em todos os aspectos das suas vidas. Organiza jantares trimestrais para mentores e mentorados com o objetivo de

construir pontes entre gerações e servir como uma via para os mentores retribuírem à sociedade ensinando às gerações vindouras o caminho a seguir nos seus respectivos domínios de atividade. (www.wimbiz.org)

2. Programa de parceria "Women Mentoring Women". Trata-se de um programa de parceria de mentores baseado nos cidadãos que beneficia e faz corresponder jovens mulheres em toda a Nigéria com mentores inspiradores que as podem orientar para melhorar a sua autoestima, iniciar ou desenvolver negócios, cultivar relações e fazer escolhas de vida positivas (www.ideabuilders.org).
3. Access Bank Women Community: é um programa que tem por objetivo inspirar, inspirar e capacitar as mulheres, fornecendo-lhes ferramentas que lhes permitam desenvolver as suas actividades, apoiar as suas famílias e criar um futuro melhor para os seus filhos. Fornece informações, oportunidades de trabalho em rede e privilégios que melhoram o seu estilo de vida (www.thewcommunity.com).

2.15 Inovação no sector da construção

Inovação significa uma nova ideia, dispositivo, parcela e aplicação de uma melhor solução que satisfaça novos requisitos, necessidades articuladas ou necessidades de mercado existentes (Wikipédia). A inovação é crucial para o sucesso contínuo de qualquer organização. É sinónimo de mudança, alteração, transformação, metamorfose, renovação, reorganização, rearranjo, reformulação, remodelação e reciclagem, etc. (Os seis (6) R'S). A inovação é intocável, mas pode ser sentida quando ocorre. A definição de inovação inclui novas tecnologias, serviços e soluções, experiências, processos, métodos e resultados valiosos. As características de uma inovação bem sucedida incluem Disciplina, Integridade e gestão regular do sector crítico (Tempo / Dinheiro). A inovação é conseguida através de investigação e desenvolvimento formais (inovação revolucionária) e de modificações menos formais da prática no local de trabalho (através do intercâmbio e da experiência pessoal) (L-Puddicombe, 2014). A inovação pode catalisar a mudança e ajudar drasticamente a alterar as desigualdades persistentes entre homens e mulheres. Pode também dar às mulheres a capacidade de para reconhecer novas oportunidades e a confederação para mergulhar nelas.

A USAID está a mudar as atitudes tradicionais em relação à posse de bens de produção por parte das mulheres. Está também a apoiar e a utilizar meios de inovação para reforçar a liderança das mulheres na ciência. A USAID está empenhada em promover soluções de desenvolvimento inovadoras que tenham um amplo impacto nas pessoas. Estas incluem: ciência, tecnologia e inovação para aumentar a saúde e o bem-estar de homens e mulheres. Saúde é riqueza, temos de estar suficientemente bem para alcançar e mostrar a nossa capacitação através da inovação, (USAID, 2012). A tecnologia também tem um grande potencial para reduzir as disparidades entre os géneros e capacitar as mulheres e as raparigas. Tem o poder de melhorar a saúde das mulheres, aumentar a produtividade económica e reduzir o trabalho não remunerado. A utilização da ciência e da tecnologia para ajudar a alterar as normas sociais e os estereótipos pode ajudar a reduzir as disparidades entre os géneros.

L- Puddicombe (2014) observou que a inovação é como o leite que tem um prazo de validade e azeda passado algum tempo. Isto também pode ser comparado com as mulheres que têm a idade florida num determinado momento da vida e que, passado algum tempo, murcham em forças e zelo. A autora concluiu que as mulheres devem tirar partido da sua idade florida através de inovações, de modo a poderem ter poder para toda a vida sem se tornarem obsoletas. As ideias criativas cruzam-se muitas vezes com o desenvolvimento económico, social e pessoal das mulheres, incluindo as mulheres na indústria. A procura de inovação pode produzir benefícios fundamentalmente mais profundos para todos.

CAPÍTULO 3

METODOLOGIA DE INVESTIGAÇÃO

3.1 Abordagem da investigação

Os métodos e estilos de investigação não são geralmente mutuamente exclusivos, embora apenas uma ou um pequeno número de abordagens seja normalmente adotado devido a restrições de recursos no trabalho. As diferentes abordagens centram-se mais na recolha de dados do que na análise da teoria e da literatura. De acordo com Yin (2003), a seleção de uma abordagem de investigação adequada deve ser regida com base em

- A natureza do inquérito e o tipo de questões colocadas;
- O grau de controlo do investigador sobre os acontecimentos comportamentais reais; e
- O grau de incidência nos acontecimentos contemporâneos.

Existem três tipos de metodologia de investigação: quantitativa, qualitativa e uma combinação de ambos os métodos denominada triangulação ou método misto (Fellows e Liu, 1999)

1.1.1 Investigação quantitativa

As abordagens quantitativas tendem a relacionar-se com o positivismo e procuram recolher dados factuais e estudar as relações entre factos e a forma como esses factos e relações estão de acordo com as teorias e as conclusões de qualquer investigação realizada anteriormente (literatura) (Fellows e Liu, 1999). As amostras recolhidas na investigação quantitativa são frequentemente grandes e representativas, sendo utilizadas técnicas científicas para obter medições - dados quantificados. A análise dos dados produz resultados quantificados e as conclusões derivadas da avaliação dos resultados à luz da teoria e da literatura podem ser generalizadas a uma população mais alargada dentro de limites de erro aceitáveis.

1.1.2 Investigação Qualitativa

As abordagens qualitativas procuram obter informações e compreender as percepções que as pessoas têm do mundo, quer como indivíduos quer como grupos. Na investigação qualitativa, são investigadas as crenças, os entendimentos, as opiniões, os pontos de vista, etc. das pessoas. Os dados recolhidos podem ser não estruturados, pelo menos na sua forma bruta, mas tendem a ser pormenorizados e, por conseguinte, ricos em conteúdo e alcance. As características da metodologia qualitativa, tal como descritas por Dainty (2004), são as seguintes

- Indutivo (os conceitos são desenvolvidos a partir dos dados);
- Os temas e os contextos são vistos de forma holística;
- Os investigadores estão conscientes do seu efeito sobre as pessoas que estudam;
- Obtém uma compreensão a partir da perspetiva do informador;
- Os métodos são humanistas - olham para além do aspeto específico que está a ser examinado;
- Os dados recolhidos são ricos e difíceis de analisar;
- Exige que o investigador se aproxime dos dados e dos fenómenos que estão a ser examinados; e
- Dá ênfase à validade.

1.1.3 Abordagem de investigação adoptada para este estudo

A abordagem de investigação qualitativa foi adoptada para este trabalho, com ênfase na utilização da técnica da entrevista. Esta é considerada como uma das fontes mais importantes de recolha de informação para atingir o objetivo deste trabalho de investigação. A entrevista pode ser formal ou informal, mas a ênfase na prática não está entre a abordagem completamente formal e a completamente informal, mas entre muitos graus possíveis de informalidade.

Neste estudo, foram utilizadas entrevistas biográficas e de grupos de discussão com perguntas abertas. Isto, de acordo com Lu et al. (2008), é consistente com o objetivo de compreender melhor a experiência vivida pelas mulheres nas suas carreiras. Esta 'experiência vivida' específica refere-se à forma e ao modo como as mulheres ganharam a vida, se conformaram com as duras realidades do sector da construção e também estabeleceram uma carreira no mesmo.

Na investigação qualitativa, o investigador preocupa-se com a fiabilidade dos dados e pode recorrer a métodos de triangulação, como a análise pelos pares e a corroboração pelo entrevistador, para se certificar de que os dados são exactos. A investigação qualitativa destina-se apenas a dar às pessoas uma visão do que aconteceu com a pequena amostra de sujeitos do estudo, para que possam estudar as conclusões e ver até que ponto o estudo de investigação é relevante para elas.

1.1.4 Conceção e conteúdo da entrevista

Uma entrevista é descrita como qualquer forma de encontro em que alguém é questionado por um potencial empregador, um jornalista ou um investigador. É uma interação em que duas ou mais pessoas são colocadas em contacto direto para que pelo menos uma das partes aprenda alguma coisa com a outra. Ao realizar uma entrevista para fins de investigação, há que ter o cuidado de reconhecer os pontos fortes e fracos associados à utilização de entrevistas como meio de recolha de dados. Entre as vantagens básicas deste método destaca-se a oportunidade que dá ao investigador de esclarecer imediatamente mal-entendidos dos inquiridos em termos de interpretação das questões colocadas, ao mesmo tempo que dá ao inquirido a vantagem de explorar sem restrições a resposta a cada uma das questões colocadas. As desvantagens deste método são o provável enviesamento e a forte influência por parte do entrevistador, incluindo a possível má interpretação das perguntas por parte do inquirido com uma perceção bastante diferente da do entrevistador/objectivos da entrevista (Fellows e Liu, 1997).

As entrevistas foram realizadas com mulheres profissionais na área da construção (ver

Apêndice para o guião de entrevista das mulheres profissionais). As entrevistas semi-estruturadas foram realizadas pessoalmente, num ambiente privado e sem interrupções, ao passo que as entrevistas telefónicas também foram realizadas com inquiridos que se encontravam fora do alcance do investigador e que estavam dispostos e à vontade para falar por telefone. As vantagens de utilizar entrevistas presenciais são o facto de permitirem ao entrevistador acompanhar e sondar respostas, motivos e sentimentos, enquanto a principal desvantagem é que tendem a ser mais dispendiosas e demoradas do que as entrevistas por telefone ou videoconferência. O investigador certificou-se de que as perguntas eram directas, específicas e simples, evitando perguntas de duplo sentido, perguntas que conduzissem a emoções ou que fossem demasiado complexas ou ambíguas. Foi efectuado um planeamento pormenorizado do questionamento para garantir que abrangia todas as áreas dos objectivos, não recolhia informações irrelevantes, era claro, inequívoco e imparcial. A entrevista de cada inquirido durou entre vinte minutos e quarenta e cinco minutos. Foi utilizada uma combinação de gravação áudio e registo escrito durante cada entrevista. Isto para garantir que todos os comentários eram captados, que as questões específicas eram registadas e para garantir que as entrevistas cobriam a área temática com suficiente pormenor. Todos os dados foram depois transcritos para facilitar a clareza e a coerência da análise posterior. A codificação dos dados transcritos teve o cuidado de garantir que os resultados fossem fáceis de utilizar e compreender e com um nível de pormenor adequado.

3.2 . Seleção de amostras

Os principais intervenientes na indústria da construção foram escolhidos como população do inquérito para este estudo com base no seu nível de interação com o ambiente construído. Os principais participantes são as profissões de Arquitetura, Medição de Quantidades, Construção e Engenharia Civil. O estudo visou especificamente membros do sexo feminino registados nas profissões, com uma população inquirida de cerca de 697 pessoas à data deste estudo. A ala feminina das áreas-chave supramencionadas foi contactada para obter orientações adequadas sobre a lista e os contactos dos potenciais participantes. Os critérios de inclusão são todas as mulheres profissionais registadas nas áreas escolhidas da indústria, com um mínimo de cinco anos de experiência profissional, que estejam disponíveis e dispostas a participar. Os critérios de exclusão foram os seguintes: as mulheres que não estão totalmente empenhadas na profissão, apesar de terem os anos de prática exigidos, as que não estão disponíveis, como as que podem estar de licença, e as que podem decidir não participar. A base de amostragem das mulheres entrevistadas para este trabalho foi constituída por mulheres que exerciam a profissão em Lagos, Abuja e Kaduna, enquanto uma amostragem intencional de quarenta e cinco (45) mulheres que satisfaziam os critérios de inclusão para este trabalho foi selecionada como dimensão da amostra nos locais de estudo escolhidos.

3.3 Método de investigação adotado no estudo

Foram realizadas entrevistas individuais com mulheres profissionais do sector da construção. As entrevistas foram estruturadas em torno de questões-chave baseadas em critérios de perfil demográfico (idade, religião, estado civil, número de filhos, situação profissional), escolha de carreira, experiência profissional específica em relação às barreiras enfrentadas e formas de as ultrapassar, fases da carreira e momentos notáveis de satisfação na carreira, etc. (Ver Anexo para o guia de entrevista das mulheres profissionais), de forma a criar flexibilidade suficiente para permitir que a entrevistada acompanhe as perguntas e obtenha uma resposta positiva.

As entrevistas pessoais são úteis para recolher informações aprofundadas, o que é muito necessário para aprofundar os sentimentos pessoais dos entrevistados, a fim de alcançar os objectivos deste trabalho de investigação. As perguntas feitas durante a entrevista podem ser explicadas e a informação pode também ser complementada. Os objectivos da investigação permitiram definir claramente o que devia ser investigado. Por conseguinte, era necessário abordar questões específicas e uma abordagem semiestruturada permitiu que estas fossem abordadas de uma forma lógica no decurso da entrevista.

Em segundo lugar, os entrevistados precisavam de ter uma certa liberdade para discutir certas áreas e para elaborar factores e discutir o que sentiam ser mais importante. As profissionais femininas foram entrevistadas porque se considerou que poderiam articular melhor o impacto das barreiras à prática profissional, bem como os benefícios derivados da prática ativa como mulher na indústria da construção. As entrevistas adoptaram uma abordagem de investigação de atitudes que é utilizada para avaliar subjetivamente a opinião de uma pessoa ou de um grupo de pessoas relativamente a um determinado atributo, variável, fator ou questão.

3.4 Recolha de dados

Os dados qualitativos, com a sua ênfase na 'experiência vivida' das pessoas, são fundamentalmente adequados para localizar os significados que as pessoas atribuem aos acontecimentos, processos e estrutura das suas vidas: as suas 'percepções, suposições, preconceitos e pressuposições' (Amaratunga. et al., 2002).

Os dados foram obtidos através da gravação de voz utilizando cassetes áudio e foram tomadas notas e documentação exaustivas no decurso da entrevista para disponibilizar os dados para análise. A codificação dos dados também foi efectuada para ajudar na análise, de modo a reduzir algumas das grandes quantidades de informação que foram registadas.

3.5 . Análise de dados

A investigação qualitativa descreve a recolha de dados de um grupo de amostra de especialistas ou de pessoas comuns. O objetivo da investigação qualitativa é chegar a uma espécie de consenso de opinião. Uma vez recolhidos os dados, deve ser efectuada uma análise e existem várias abordagens para classificar os dados recolhidos através da investigação qualitativa.

Para que os dados qualitativos possam ser analisados corretamente, devem ser preparados e organizados de forma a poderem ser lidos. Os dados podem ser recolhidos através de..:

-Análise codificada - a análise codificada envolve a recolha de grupos de dados e a organização dos resultados em grupos. A cada um destes grupos é então atribuído um "código" que reflecte o que torna estes resultados semelhantes. A partir daí, um investigador pode começar a compreender porque é que pode haver mais consensos num código do que noutro. A análise codificada foi desenvolvida por Seidel em 1998. Ele atribuiu três etapas ao processo. A primeira era a recolha de dados, a segunda era a observação ou divisão dos dados em códigos diferentes e a última era a reflexão ou análise dos dados com base nesses códigos.

-Análise temática - é semelhante à análise codificada, mas os resultados são agrupados por temas. A análise temática é útil porque os temas são produzidos pelos resultados da investigação e não são inventados pelo investigador, o que leva a uma menor parcialidade. Um tema pode ser tão simples como uma determinada opinião sobre um determinado produto. Agrupar os resultados de forma natural e orgânica ao organizar os temas.

-Análise do discurso - a análise do discurso não se centra nos resultados ou nas respostas às questões recolhidas, mas sim nos padrões do discurso e das palavras escritas. Não é necessariamente importante tomar notas completas durante a recolha de dados se estiver a utilizar este tipo de análise de dados. É útil recorrer a vários investigadores para tomar notas, de modo a que tudo fique registado.

3.5.1 Análise dos dados das entrevistas

Os dados das entrevistas são textuais e podem ser difíceis de analisar, mas a riqueza dos dados na investigação qualitativa significa que podem ser obtidos resultados substanciais se os dados forem tratados corretamente. A análise dos dados qualitativos deste estudo envolveu a utilização da análise de conteúdo, tal como é apresentada em Wilkinson e Birmingham (2003). A análise de conteúdo aplica significado ou sentido à informação e ajuda a identificar padrões no texto (transcrição das entrevistas de investigação). O princípio da análise de conteúdo exige, em primeiro lugar, que os dados sejam codificados ou agrupados em categorias que terão de ser verificadas para se ter a certeza de que representam exatamente o que está a ser dito. Estes códigos incluem palavras, temas, frases ou frases inteiras que, em conjunto, formam uma espécie de lista de controlo (Walliman, 2001). Após a codificação ter sido concluída, os dados são então analisados e os resultados são gerados. Os dois métodos utilizados são a análise concetual ou a análise relacional. Foi adoptada a análise concetual de conteúdo, que tem em conta o aparecimento de um conceito ou o número de vezes (frequência) que um determinado conceito aparece num texto. Também designada por análise temática, os temas da análise concetual são por vezes implícitos ou explícitos. As fases da análise concetual de conteúdo apresentadas por Walliman (2001) incluem

i. *Decidir a unidade/nível de análise: É feita a escolha entre utilizar palavras isoladas, frases ou frases completas.*

ii. *Identificar os conceitos: estas são as questões, os temas ou as preocupações a retirar dos dados e será necessário decidir se se trata de um conjunto rígido de conceitos ou de listas flexíveis que podem ser acrescentadas mais tarde, à medida que o trabalho avança.*

iii. *Definir os conceitos: Algumas palavras podem ter significados semelhantes e devem ser claramente definidas para evitar ambiguidades. As palavras com significados semelhantes podem ser codificadas em conjunto.*

iv. *Decidir se se deve codificar a incidência ou a frequência dos conceitos: É necessário tomar a decisão de codificar o aparecimento de uma palavra ou o número de vezes que ela aparece. A incidência de uma palavra pode dar uma perspetiva mais limitada do que a frequência, que pode ser uma indicação da importância relativa de um conceito.*

v. *Estabelecer regras de codificação: Nesta fase, os códigos que foram claramente definidos podem ser agrupados ou ainda categorizados e as regras ajudarão a garantir que as palavras não são colocadas incorretamente nos vários temas.*

vi. *Percorrer a informação: Um exame minucioso do texto permite ao investigador identificar e tratar as palavras que podem não se "encaixar" nos códigos estabelecidos. É então tomada a decisão de alargar os códigos (nota 2 acima) ou de eliminar as palavras.*

vii. *Codificar a informação: Trata-se da codificação efectiva dos dados textuais, que pode ser feita manualmente ou com recurso a pacotes de software informático disponíveis.*

viii. *Analisar os resultados: Esta última etapa consiste na apresentação das incidências e/ou frequências das palavras com o objetivo de determinar os significados, as associações e as relações que delas se podem deduzir.*

Bordens e Abbott (2008) observam que, embora a análise de conteúdo possa ser uma técnica útil para ajudar a compreender o comportamento, é puramente descritiva e não pode estabelecer relações causais entre variáveis. Além disso, a validade dos resultados dependerá do material textual a analisar, pelo que é necessário efetuar uma entrevista exaustiva, por exemplo, para garantir que todas as questões são adequadamente captadas.

CAPÍTULO 4

APRESENTAÇÃO DOS DADOS, ANÁLISE E DISCUSSÃO DOS RESULTADOS

Para este trabalho de investigação, foi entrevistada uma amostra de quarenta e cinco (45) inquiridos, seleccionados entre os principais participantes na indústria da construção, com base no seu nível de interação com o ambiente construído. Os principais participantes são profissionais do sexo feminino das áreas da arquitetura, da medições, da construção e da engenharia civil.

4.1. ANÁLISE DOS RESULTADOS

Os dados recolhidos foram analisados utilizando o método de análise temática, ou seja, agrupando os resultados e organizando-os de acordo com as suas opiniões sobre as questões discutidas.

4.1.1 O RESULTADO

Quadro 4.2.1 Idade dos inquiridos

s/n	Ages	Frequency	Percentage
1	35 - 40	9	20%
2	41 – 45	15	33%
3	46 – 50	14	31%
4	Above 50	7	16%
	Total	45	100.%

Source: Field Survey (2015)

Como mostra o quadro 4.2 acima, a idade mínima dos inquiridos é de

35 anos e, como indicado, os inquiridos entre 35 e 40 anos são 20%, entre 41 e 45 anos são 33%, entre 46 e 50 anos são também 31% e os inquiridos com mais de 50 anos são 16%.

Tabela 4.2.2: Estado civil do inquirido

s/n	Marital Status	Frequency	Percentage
1	Married	40	89%
2	Not Married	5	11%
	Total	45	100.%

Source: Field Survey (2015)

As mulheres casadas neste inquérito são 89%, enquanto as solteiras são 11%.

Tabela 4.2.3: Número de filhos do inquirido

s/n	Number of Children	Frequency	Percentage
1	1 - 2	15	33%
2	3 - 4	19	42%
3	5 and Above	7	16%
4	None	4	9%
	Total	45	100.%

Source: Field Survey (2015)

As mulheres que têm um ou dois filhos são 33%, enquanto as que têm três a quatro filhos são 42%. Os que têm filhos com mais de cinco anos são 16%, enquanto os que não têm filhos são 9%.

Tabela 4.2.4: Religião dos inquiridos

s/n	Marital Status	Frequency	Percentage
1	Christian	25	56%
2	Muslim	20	44%
	Total	45	100.%

Fonte: Inquérito de campo (2015)

Quadro 4.2.5: Profissões dos inquiridos

s/n	Professionals	Frequency	Percentage
1	Architects	12	27%
2	Quantity surveyors	20	44%
3	Builders	4	9%
4	Engineers	9	20%
	Total	45	100.%

All the respondents are registered professionals with their various institutes.

Figura 4.2.6: Anos de experiência dos participantes no sector

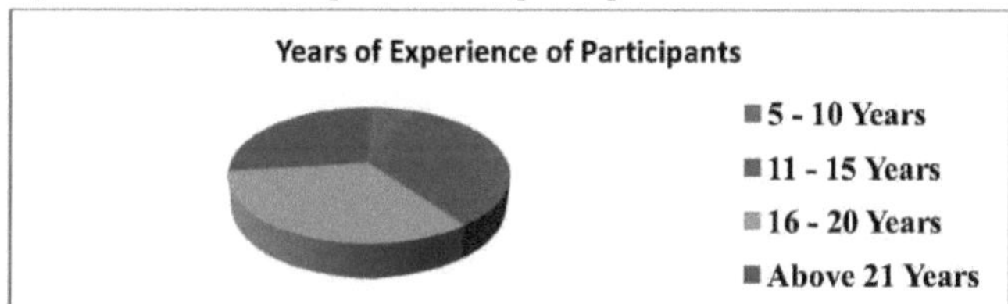

Como se pode ver no Quadro 4.2.6, a experiência de trabalho de referência para os inquiridos é de 5 anos. Como indicado, os inquiridos entre 5 e 10 anos são 9%, entre 11 e 15 anos são 26%, entre 16 e 20 anos são também 29% e os inquiridos com mais de 20 anos são 36%.

Tabela 4.2.7: Sectores de trabalho dos inquiridos na indústria da construção

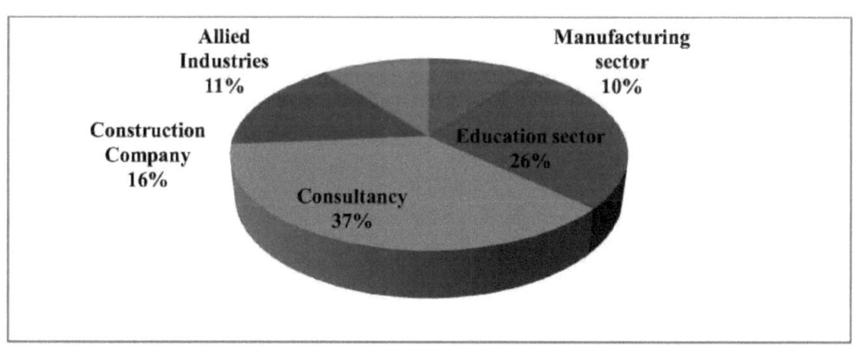

Os entrevistados foram escolhidos entre os vários sectores da indústria da construção para obter uma ampla cobertura da experiência de trabalho das mulheres.

Tabela 4.2.8: Razões do inquirido para escolher uma carreira no sector

s/n	Reasons	Frequency	Percentage
1	Parental influence	9	20%
2	Working parents within the industry	10	22%
3	Chance entry	4	8%
4	Prior knowledge of the industry	7	16%
5	Natural talent for creativity	7	16%
6	Wanting to do something different	8	18%
	Total	45	100.%

Tabela 4.3: Experiências de carreira e expectativas dos participantes no sector da construção indústria.

s/n	Professionals	Frequency	Percentage
1	Good experience	23	53%
2	Bad experience	3	6%
3	No career expectations	9	20%
4	Psychologically prepared	10	21%
	Total	45	100.%

4.4: Apoio de colegas do sexo masculino no sector da construção

Em termos do apoio obtido dos seus homólogos masculinos, 94% dos inquiridos referiram que tiveram a sorte de trabalhar com homens compreensivos que os encorajaram muito na sua carreira, enquanto 6% não obtiveram qualquer apoio.

4.5: Desafios

Em termos de desafios enfrentados ao longo do seu percurso profissional, todos os inquiridos estão de acordo com o seguinte

a. Aceitação como profissional

b. Concorrência com os homens

c. Consultório autónomo

d. Subutilização

e. Normas religiosas f. Dificuldades financeiras

g. Casamento

4.6: Formas de ultrapassar os desafios

As mulheres entrevistadas superaram os desafios através dos seguintes meios

- **a.** Forte determinação
- **b.** A capacidade de cumprir os prazos dentro dos limites de custos
- **c.** Ter vontade própria e confiança nas suas capacidades
- **d.** Ser capaz de expressar a sua opinião numa sala cheia de homens
- **e.** Fazer o trabalho de forma correcta e não por ser o sexo mais fraco é sempre a chave.
- **f.** O apoio das colegas mais velhas também foi fundamental para enfrentar os seus desafios.

4.7: Experiências profissionais notáveis

As experiências profissionais notáveis dos inquiridos são as seguintes

a. Habilitações académicas

b. Reconhecimento

c. Dar instruções

d. Realização de projectos

e. Mentoria

f. Realização de reuniões no local

4.8: Arrependimentos

Todos os inquiridos estão de acordo com um arrependimento básico, que é o facto de terem pensado que iriam ganhar muito dinheiro, mas o que aconteceu foi o contrário. O amor que todos tinham pelo sector foi o seu pilar, o que lhes permitiu olhar para além do aspeto financeiro e procurar o profissionalismo. A ideia inicial era partir para uma profissão melhor e mais lucrativa no início da carreira, mas o interesse e o amor pelo sector fizeram-nos avançar e a ideia de que poderiam não conseguir integrar-se noutra profissão também existia. 25% dos inquiridos consideram também que poderiam ter ganho muito mais dinheiro se tivessem sido devidamente orientados desde a escola para diversificarem a sua atividade, ou seja, para escolherem uma via que ainda não foi totalmente esgotada e fazerem dela algo tangível.

Outro aspeto que alguns lamentam é o facto de não terem podido progredir a nível académico. Estavam tão absorvidos na prática que não puderam adquirir qualificações de pós-graduação. Embora sejam membros dos seus organismos profissionais, sentem que isso não é suficiente. No entanto, todos eles estão satisfeitos por estarem no sector e 75% admitiram que é como se tivessem nascido para fazer o que fazem. Estão satisfeitas com as suas carreiras, mesmo com pouca ou nenhuma vida social, especialmente quando se está a fazer carreira e se quer sobressair.

4.9: O sector está equipado para acolher as mulheres

Todos os inquiridos são da opinião de que a indústria percorreu um longo caminho para reconhecer as mulheres e acolhê-las. A criação de várias alas femininas no seio das profissões é uma prova viva disso. Os avaliadores de quantidades têm a Associação de Mulheres Avaliadoras de Quantidades da Nigéria (WAQSN), a ala feminina dos engenheiros tem a designação de Associação de Mulheres Engenheiras Profissionais da Nigéria (APWEN), os arquitectos têm a Female Architects of Nigeria (FAN) e os construtores também têm a Associação de Mulheres Construtoras da Nigéria (APWBN).

Estas associações foram criadas para sensibilizar as pessoas para o facto de as mulheres poderem entrar no sector e ter sucesso. Apresentam mulheres bem sucedidas como modelos e mentoras para as futuras mulheres; dão palestras sobre carreiras em instituições secundárias e terciárias e também incentivam a criação de redes entre as mulheres que exercem a sua atividade.

4.10: DISCUSSÃO DOS RESULTADOS

Perfil demográfico

As mulheres entrevistadas tiveram uma experiência de trabalho adequada e oportunidades de praticar as suas diversas áreas, abrangendo os principais sectores da indústria.

Tendo em conta a idade das inquiridas, estas mulheres transitaram dos estudos para o trabalho e esforçaram-se por atingir os seus objectivos pessoais. Ajustaram-se e continuarão a ajustar-se ao mundo do trabalho e deram um contributo mais tangível para a sua organização. Estas mulheres encontram-se numa idade em que é mais provável que as responsabilidades familiares tenham um forte impacto nas suas carreiras (O'Neil e Bilimoria, 2005).

O estado civil das mulheres, como mostra o Quadro 4.2.2, indica que as barreiras encontradas no sector não impediram a maioria das mulheres de se casar. Elas são da opinião de que as mulheres são mais respeitadas nesta parte do mundo quando são casadas. Segundo elas, isto evita a atração injustificada e afasta a atenção não solicitada dos seus colegas homens, especialmente na prática ativa.

O número de filhos das inquiridas apresentado no Quadro 4.2.3 é uma indicação de que a natureza entediante da indústria não impediu as mulheres de terem e criarem filhos. A julgar pelas suas respostas, elas parecem ter gostado de ser mães, especialmente porque as que têm filhos entre três e quatro anos têm a percentagem mais elevada e as que decidiram não ter filhos estão a viver com as suas decisões sem qualquer arrependimento.

De acordo com a Tabela 4.2.4, a religião parece não ter dissuadido as mulheres de praticar. Nesta parte do mundo, especialmente no Norte, onde reside a maioria dos participantes muçulmanos, as mulheres ainda são mantidas em Purdah. Estas mulheres olharam para além da religião para exercerem a sua profissão.

Todos os inquiridos entrevistados são membros registados das suas várias profissões e o mínimo de cinco anos de experiência de trabalho é assim fixado para garantir que os inquiridos devem ter tido experiência suficiente nos seus vários domínios de atividade, desenvolvido uma orientação de carreira e procurado oportunidades para exercer a ocupação/profissão escolhida. Estes critérios constituem uma base sólida para tirar conclusões sobre as questões discutidas em relação ao desenvolvimento da sua carreira.

Razões para aceder à profissão

A maioria dos inquiridos entrou no sector com pouco ou nenhum conhecimento do que é necessário para seguir uma carreira neste sector. Tendo em conta a sua idade e o número de anos passados no ativo, a campanha para o recrutamento e a retenção de mulheres era mínima no seu ponto de entrada.

Os inquiridos tinham várias razões para escolher uma carreira na indústria da construção. 20% deles entraram na indústria porque os pais queriam que eles estudassem um curso e, para os satisfazer, entraram voluntariamente na indústria sem saber o que esperar e a verdadeira natureza da própria indústria. Destes, 12% tinham pais que trabalhavam efetivamente no sector e que queriam que as suas filhas estudassem um curso neste sector, enquanto os restantes 8% não tinham nenhum parente que tivesse efetivamente estudado um curso neste sector. 8% dos inquiridos não sabem explicar como entraram no sector e porquê. 16% tinham um conhecimento prévio do sector, basicamente desde os tempos de escola secundária, enquanto outros 16% também se apaixonaram pela sua profissão devido ao seu talento pessoal para a criatividade e ao amor pelo desenvolvimento do seu ambiente. Os últimos 18% queriam apenas fazer algo diferente do que os outros estavam a fazer e sentiram que a indústria da construção lhes daria a oportunidade de serem diferentes dos outros.

A influência dos pais, em especial dos que trabalham na indústria, foi a razão mais apontada pelos inquiridos. Isto está de acordo com o estudo de Sullivan (2002), em que a decisão das mulheres de optarem por cursos universitários não tradicionais foi influenciada por factores internos e externos. Os factores internos incluem o interesse pessoal (procura de empregos que ofereçam estabilidade financeira e recompensas intrínsecas); os antecedentes (processo de socialização precoce não tradicional); e um simples caso de "aceitação" do diploma. O estudo mostrou que havia vários factores externos que influenciavam as suas decisões, mas um dos principais é o papel de uma "outra pessoa influente", sendo os pais, de longe, a influência mais forte. Gale

(1994) indica que o conhecimento da natureza da indústria da construção e as oportunidades de carreira disponíveis na mesma são extremamente importantes e que não só os estudantes precisam de ser educados sobre a indústria, mas também os pais, porque a influência dos pais é significativa na seleção da carreira dos seus filhos. A socialização dos estudantes do sector da construção através do ensino superior é fundamental para a promoção e manutenção da imagem do sector da construção.

Experiências e expectativas de carreira

As experiências dos inquiridos variam e dependem do aspeto da indústria a que estiveram expostos. Os inquiridos com experiências boas e muito interessantes foram 53%. São da opinião de que as suas profissões eram desafiantes e entediantes, mas que, mesmo assim, sentiam prazer em exercê-las. Admitiram que era agitado trabalhar com homens, mas o que sabem faz com que sejam o que são atualmente e também determina se devem ser levadas a sério ou não, porque as pessoas geralmente acreditam que as mulheres não se podem destacar, especialmente numa área masculina.

6% tiveram sempre más experiências de trabalho. Admitiram que os seus colegas homens se sentiam intimidados pela sua presença e que as despediram simplesmente porque não cederam às várias formas de assédio sexual de que foram alvo. Elas tiveram muita dificuldade em chegar ao ponto em que estão atualmente porque foram muito segregadas e não foram promovidas como os seus colegas homens.

Outro grupo de inquiridos não tinha quaisquer expectativas de carreira, mas deparou-se com surpresas pelo caminho. São da opinião de que a vida profissional é muito diferente da escola e que esta nunca os preparou para o que se espera no terreno. Tiveram de se adaptar rapidamente e desenvolver os conhecimentos adquiridos na escola. Este conjunto é de 20% e, apesar de opinarem que é necessária mais informação para ser divulgada, acabaram por se apaixonar pelo que fazem.

21% dos inquiridos admitiram que estavam bem preparados para os desafios previstos no sector. Tinham efectuado a sua formação industrial em empresas de consultoria/empresas de construção vibrantes. Estavam preparados psicologicamente para se integrarem na profissão e receberam muito encorajamento e apoio em sítios estranhos.

Das discussões acima referidas, é evidente que a experiência profissional das mulheres revela um grande fosso entre as suas expectativas/percepções e a sua preparação para as realidades da vida profissional no sector. Não estavam totalmente preparadas para a natureza e a cultura do sector em termos de desafios, tédio e agitação. Tiveram de se esforçar muito para se adaptarem. Isto mostra que a natureza/cultura da indústria não é tendenciosa em relação ao género, pois as mulheres são o que são e a indústria é o que é. Tal como afirmado sucintamente por Fielden et al. (1999), a responsabilidade de proporcionar um ambiente que encoraje tanto homens como mulheres a seguirem carreiras dentro das suas fileiras cabe firmemente ao próprio sector, que não deve comprometer a integridade e a segurança daqueles que emprega. As conclusões também confirmam que o problema de imagem que faz com que tanto homens como mulheres não se interessem pelo sector é agravado por uma falta geral de conhecimento e informação sobre o sector, as oportunidades de carreira que pode oferecer e as qualificações exigidas (Fielden et al, 2000).

Apoio de colegas do sexo masculino

O apoio esmagador recebido dos homens confirma o estudo de Agapiou (2002), que indica a existência de uma mudança cultural com uma aceitação crescente, por parte dos homens, da contribuição das mulheres em pé de igualdade no sector da construção. Enquanto outros, através da experiência, estão confiantes nas capacidades das mulheres e têm uma atitude protetora e acolhedora, muito poucos continuam a ser territoriais e relutantes em aceitar as capacidades e competências das mulheres. Uma das inquiridas contou como o seu empregador permitiu que ela trabalhasse a partir de casa durante uma gravidez difícil e ela retomou o trabalho quando lhe foi conveniente. Isto aconteceu porque ela conseguiu provar que era uma boa trabalhadora desde o início. As mulheres dos quadros superiores também têm dado o seu apoio e têm dado muitas recomendações às novas mulheres. Apesar de estarem em menor número do que os homens, as poucas mulheres com quem tiveram contacto, especialmente em posições de autoridade, ofereceram-lhes emprego em locais onde menos esperavam e foram a sua espinha dorsal na reivindicação dos seus direitos.

Desafios

a. **Aceitação como profissional** - A situação mais difícil com que tiveram de lidar foi o facto de serem menosprezados quando lidavam com consultores. Da mesma forma, os trabalhadores não estavam dispostos a receber ordens deles, especialmente quando estavam em obra. Quando estão no escritório, a primeira impressão que as pessoas têm sobre eles é que são meros secretários ou funcionários administrativos e nunca profissionais. Um dos inquiridos, Técnico de Quantidades, contou como um Arquiteto lhe chamou secretária que não sabe quase nada sobre o trabalho em questão e que estava disposta a esperar para falar com o diretor. Infelizmente para ele, a directora remeteu-o de novo para ela para resolver os problemas com ele, afirmando que o projeto era dela e que ele não tinha nada a ver com isso. Sentiu-se muito feliz pelo facto de o arquiteto a ter reconhecido como profissional. Outra inquirida, uma técnica de avaliação de quantidades que trabalha com a Marinha da Nigéria, referiu que por vezes tinha de recorrer à força militar para garantir o cumprimento das suas ordens no local da obra, especialmente quando trabalhava na zona do Delta do Níger. Ela sublinhou que as mulheres não precisam de ser agressivas, mas sim muito assertivas.

b. **Concorrência** - O desafio de ter de competir com o seu homólogo masculino é também primordial, porque é geralmente aceite que as mulheres não têm qualquer competência para se destacarem, especialmente quando se trata de um mundo de homens e, neste caso, temos de trabalhar arduamente para os convencer de que sabemos fazer o trabalho. Um entrevistado contou como um cliente com quem a sua empresa já trabalhou pediu especificamente que ela tratasse do seu projeto, para desgosto dos seus colegas homens. A concorrência era forte, mas ela manteve-se firme e aceitou o trabalho quando menos esperavam.

c. **Prática autónoma -** Um grande desafio é tentar ramificar-se e gerir uma prática autónoma, porque o desejo de todos é ser excelente e bem sucedido. É sempre difícil conseguir trabalho. Os clientes também são, por vezes, da opinião de que podem não ser capazes de cumprir as suas obrigações se não trabalharem em conjunto com os homens. São da opinião de que o sector deveria legislar sobre os postos de trabalho a atribuir, atribuindo às mulheres uma percentagem específica, de modo a encorajá-las a exercer a profissão.

d. **Subutilização** - A questão da subutilização surge no seio da sua organização. As mulheres estão a ser impedidas de viajar para longe e estão também a ser preteridas em relação a alguns trabalhos. A maioria das organizações acredita que gastará menos com os homens em termos de alojamento e subsídios de deslocação do que com as mulheres, porque têm de as deixar mais confortáveis do que os homens. Em termos de pagamento de subsídios, as mulheres são mal pagas simplesmente porque a organização é de opinião que alguns subsídios são basicamente para os homens, por exemplo, o alojamento, e que as mulheres serão atendidas pelos seus maridos.

e. **Normas religiosas** - Outro desafio, embora não seja peculiar a todos, mas que faz parte do território, é o facto de ser nortenho e muçulmano. Estas categorias de inquiridos são confrontadas com o desafio de usar o vestuário adequado ao seu trabalho no local. A sua religião exige que se vistam de uma determinada forma que não é apropriada para o clima, especialmente quando estão no local. As mulheres desta categoria preferem trabalhos no escritório e só visitam o local quando necessário.

f. **Dificuldades financeiras** - A situação económica do país também representou um desafio no sentido em que tornar-se membro registado da sua profissão é difícil e dispendioso. Muitos desistiram pelo caminho por não poderem suportar os custos inerentes a este processo. Os que conseguiram ultrapassar as dificuldades foram apoiados pelas suas organizações.

g. **Casamento** - O casamento é um grande desafio para todos os inquiridos. Uma inquirida observou que "*quando se é casado, não se pode viajar para longe e também se tem de cuidar dos filhos*". Segundo ela, "*não é necessariamente uma coisa má, mas a família também precisa da sua atenção. Quando se tem filhos pequenos, quer-se fazer parte da vida deles e, nessa altura, a carreira é prejudicada porque não se pode trabalhar das 8 às 17 horas como os homens*". As mulheres afirmaram que nem sempre é fácil para uma mulher alcançar o que um homem consegue alcançar, porque as mulheres também precisam de alcançar outras coisas noutras áreas. Nas suas palavras: "*É preciso conseguir ser uma boa mãe, uma esposa responsável e uma boa trabalhadora*". *As* mulheres que subiram rapidamente na carreira são aquelas cujos maridos também trabalham no sector da construção e compreendem o que é necessário para estar no ativo, especialmente quando se tem de cumprir prazos. Têm de ser capazes de equilibrar o seu trabalho com o facto de serem mães e esposas, o que, obviamente, não é fácil. Uma inquirida contou como perdeu uma gravidez enquanto viajava de um lado para o outro do sítio. Mais tarde, abandonou esse sítio em particular e escolheu o que ficava mais perto da sua casa.

Os desafios enfrentados pelas inquiridas, tal como enumerados, são diversos e estão profundamente enraizados no sistema existente do sector. O principal objetivo da mulher profissional é ser autossuficiente e ser capaz de manter um consultório próspero. Isto torna o desafio da prática autónoma fundamental e está a tornar-se cada vez mais difícil de ultrapassar. De acordo com Adogbo (2014), os desafios incorporados no ambiente da construção são atitudes, percepções e expectativas de longa data e profundamente enraizadas, que só podem ser ultrapassadas com tempo e persistência. As dificuldades financeiras, o casamento e os desafios religiosos que afectam a sua participação estão socializados no sistema do país. Todos os desafios/barreiras documentados estão completamente em sintonia com pesquisas anteriores de autores nigerianos, o que mostra que a maioria é territorial e também geograficamente baseada na cultura peculiar e na natureza das normas socioculturais do nosso país (Kehinde e Okoli, 2003; Kolawole e Boison, 1999; Adeyemi et al., 2004; Omar e Ogenyi, 2004; Adogbo e Ibrahim, 2010).

Ultrapassar os desafios

Para ultrapassar os desafios, todos os inquiridos reconheceram que provar o seu valor não é tarefa fácil, mas com

a. Uma forte determinação, trabalhar a dobrar e ser sempre profissional ajudaram-nos a deixar a sua marca.
b. A capacidade de cumprir os prazos dentro dos limites de custos e de mostrar ao sistema que se pode fazer o que os homens estão a fazer e, mais importante ainda, ser capaz de cumprir o que o sistema procura em si, também é fundamental.
c. Ter vontade própria, estar confiante nas suas capacidades e ser bom naquilo que faz e também fazer com que as pessoas saibam que tem os conhecimentos e que pode ajudar de várias formas também ajudou a ter sucesso.
d. O facto de poderem exprimir a sua opinião numa sala cheia de homens, de aceitarem o que sabem e o que não sabem, fez com que os homens se tornassem mais próximos delas e, por último
e. Fazer o trabalho de forma correcta e não por ser o sexo mais fraco é sempre a chave.
f. O apoio das colegas mais velhas também foi fundamental para enfrentar os desafios. Elas estão sempre disponíveis para ajudar e dar conselhos quando necessário.

O desafio da prática autónoma e da concorrência com os homens é um desafio persistente que não é fácil de ultrapassar, enquanto as mulheres, ao ultrapassarem o desafio do conflito trabalho-família em particular, reduziram as suas expectativas em termos de realizações no trabalho, de modo a equilibrar a sua carreira com a família. Para elas, é uma questão tripartida. Alcançar o sucesso no trabalho; ser uma boa mãe; e também uma boa esposa. A sociedade nigeriana desaprova uma mulher bem sucedida sem uma família que a apoie, o que confirma o estudo de Omar e Ogenyi (2004), em que a opinião de um dos inquiridos foi registada da seguinte forma: *"se uma mulher se tornar gestora, muitas pessoas nesta parte da Nigéria pensarão que ela perdeu a sua identidade feminina e negligenciou os seus deveres domésticos. Significará também que ela se manifestou com características de personalidade masculina. Penso que uma mulher é um bom ser humano quando é uma boa esposa e mãe, mas não tenho nada contra aquelas que querem lutar pelo poder"*. Esta situação, tal como se aplica na Nigéria, confirma a literatura de uma investigação estrangeira que indica que as mulheres que esperam equilibrar o sucesso familiar e profissional no sector da construção podem desenvolver expectativas mais baixas em relação à experiência de trabalho e, consequentemente, o conflito trabalho-família não tem um impacto negativo nos seus compromissos organizacionais. (Lingard e Lin, 2004).

Momentos notáveis da carreira

As experiências profissionais notáveis dos inquiridos são as seguintes

a. **Qualificações académicas** - ser membro dos respectivos organismos profissionais, de acordo com 25% dos inquiridos, é um estímulo. Na sua opinião, tal não teria sido possível se o sistema não fosse competitivo. Isto serve também para provar que elas também são capazes de atingir o mais alto nível de profissionalismo, tanto quanto o seu homólogo masculino.
b. **Reconhecimento** - quando as pessoas sabem que se é um profissional num mundo de homens, isso cria na mente das pessoas uma pessoa inteligente, dura e com força de vontade. 75% dos inquiridos já desfrutaram de momentos como, por exemplo, quando vão para um local de trabalho, a aura que exalam, o respeito que impõem, o olhar de admiração nos rostos dos outros encoraja-os a fazer mais e a superarem-se. Uma pesquisa conduzida por Gale (1994) descreveu estes sentimentos corretamente, onde o autor escreveu "*que as poucas mulheres que desfrutaram de uma carreira na indústria da*

construção estão a adaptar-se, a promover o processo e a procurar permanecer nas suas zonas de conforto, criando assim nichos especiais para si próprias na indústria".

Alguns dos inquiridos conseguiram criar um nicho para si próprios, por exemplo, no domínio do design, e tornaram-se uma força a ter em conta no sector. Ser

reconhecido pelos homens como um igual no campo e um trabalhador esforçado, mas não tem uma mulher é um

realização fundamental.

c. **Dar instruções** - ser capaz de dar instruções e de mandar, tal como os homens, é também uma conquista. Ser capaz de desempenhar as suas funções, apreciar e valorizar as propriedades dentro do ambiente construído, pedir a sua opinião sobre questões de custos e adoptá-la sem questionar é um impulso importante.

d. **Realização de projectos** - "*ser chamado a realizar projectos de grande envergadura, maiores do que os que tinha previsto, e ver o seu desenho/trabalho ganhar vida nos edifícios"*, segundo uma arquiteta, "*é uma alegria indescritível. Sempre que entro num edifício para o supervisionar, pergunto-me repetidamente se foi realmente o meu projeto que se transformou neste belo edifício".*

Para os outros inquiridos, os diferentes tipos de trabalhos empreendidos e executados corretamente, o desbravar de terreno para ser bem respeitado, a gestão eficiente dos locais, a força de vontade, as boas práticas de construção, o bom acabamento, a entrega atempada, a gestão eficiente dos materiais no local e o respeito por um trabalho bem feito são experiências notáveis e excitantes. Segundo eles, fazer coisas novas torna a vida muito interessante. Os académicos também se sentem satisfeitos quando vêem os seus alunos a destacarem-se nos seus empreendimentos escolhidos.

e. **Tutoria** - alguns dos inquiridos orgulham-se de poder empregar e formar profissionais do sexo feminino dentro e fora da sua organização. Ficam satisfeitos por as verem progredir na sua carreira e estão dispostos a fazer mais. Promoveram boas relações entre as suas organizações e os seus organismos profissionais para benefício mútuo.

f. **Condução de reuniões de obra** - alguns inquiridos ficam realmente satisfeitos quando lhes é pedido que presidam a reuniões de obra, porque os clientes/arquitectos sabem que eles têm conhecimentos e que valem o que valem na prática. Ficam satisfeitos quando alguns consultores comentam que não hesitariam em trabalhar com eles no futuro, quando surgisse a oportunidade. Um dos inquiridos afirmou: "*Fiquei muito contente e satisfeito quando ouvi o arquiteto dizer ao meu diretor que tinha gostado muito de trabalhar comigo"*. Alguns dos inquiridos acrescentaram ainda que ficam satisfeitos quando os homens com quem trabalharam os recomendam para outros trabalhos.

Os homens que têm experiência de trabalho com mulheres consideram-nas capazes, adaptam-se bem aos colegas homens e contribuem para um resultado de qualidade Agapiou (2002).

Arrependimentos

Para estas mulheres, o principal fator de arrependimento/limitação da sua experiência profissional foi a questão de ganharem menos dinheiro do que o previsto. Todas elas foram muito enfáticas sobre este assunto e algumas pensaram mesmo em deixar a profissão por uma melhor e mais lucrativa. Esta constatação realça que a questão do dinheiro deve ser reconhecida como uma barreira à progressão da carreira das mulheres na indústria da construção e não admira que Amaratunga et al. (2006) tenha concluído na sua investigação que seria ilógico não incluir o dinheiro como uma razão para as mulheres abandonarem a indústria. A experiência das mulheres também revelou uma orientação e aconselhamento de carreira inadequados. Elas lamentaram a falta de orientação adequada para se diversificarem em novas áreas onde se possam destacar e mostrar corretamente os seus talentos, especialmente as que têm mentes criativas. Outro arrependimento para algumas foi não terem conseguido arranjar tempo para progredir academicamente.

O sector está equipado para acolher as mulheres

Os vários grupos de associações de mulheres dentro da indústria foram criados para alimentar e encorajar as mulheres dentro da indústria da construção. Todos os inquiridos reconheceram a existência destas associações, mas opinaram que não têm sido suficientemente vibrantes para criar a sensibilização necessária para atrair as participantes femininas para a indústria da construção. Estas associações têm a tarefa de representar e refletir a indústria tal como ela é na sua campanha e os novos participantes devem ser informados de que existem várias indústrias com os seus desafios correspondentes. Também concordaram que o sector da construção na Nigéria ainda não legislou sobre a duração da licença de maternidade e a igualdade de oportunidades, ou estipulou uma percentagem de trabalhadores masculinos/femininos que uma entidade patronal deve cumprir para colmatar a lacuna de emprego entre ambos os sexos. As mulheres podem tirar partido de tais disposições se estas existirem como ponto de entrada no sector.

As mulheres observaram que ainda há muito a fazer para que o sector esteja totalmente equipado para acolher as mulheres. As associações de mulheres ainda não estão firmemente enraizadas numa campanha contínua e sustentada dirigida aos novos operadores e também aos que já exercem a profissão. Verificou-se que muitas optaram por abandonar o exercício da profissão logo após a conclusão da licenciatura, devido à perceção das dificuldades que se colocam no exercício da profissão. Não devolvem ao sector e à sociedade o que tiveram a oportunidade de receber em termos de conhecimentos acumulados. Desde 1994, o Governo Federal tem incentivado a igualdade de oportunidades na função pública em toda a Nigéria. Isto é benéfico para as mulheres na função pública, enquanto as suas homólogas no sector privado ficam sem ajuda. A promoção da igualdade entre os sexos é agora globalmente aceite como uma estratégia de desenvolvimento e o Objetivo 3 dos ODM, que consiste em "alcançar a igualdade entre os sexos e a emancipação das mulheres", entre outros, continua a enfrentar uma série de desafios, entre os quais as "perspectivas de emprego para as raparigas e para as mulheres". Dainty et al. (1999) observou que a aparente incongruência das percepções iniciais das mulheres sobre a indústria da construção e as realidades do desenvolvimento de uma carreira na construção, deixa dúvidas sobre se as mulheres devem ser atraídas para uma indústria mal equipada para as empregar, enquanto Gale (1999) também observou como uma questão moral que não é correto encorajar as mulheres para uma ocupação cuja natureza do trabalho e do ambiente é hostil.

Incentivar a entrada de mulheres no sector

Todos os inquiridos concordaram que encorajar as mulheres a entrar na profissão é bom, mas não é uma tarefa fácil de realizar. Quando lhes foi perguntado se gostariam que as suas filhas estudassem uma carreira dentro da profissão, a maioria disse enfaticamente que não, justificando que não gostariam que os seus filhos passassem pelo que eles passaram para terem sucesso. Apesar destas razões, todos concordaram que continuamos a precisar de mais mulheres no sector da construção, pois as mulheres têm papéis especiais a desempenhar, especialmente no preenchimento das lacunas já existentes. Uma decisão ou sugestão masculina, quando incorporada com a da mulher que olha para ela de uma perspetiva diferente, equilibra melhor a equação ou o projeto do que uma única personalidade, especialmente num projeto sensível.

Os arquitectos foram mais longe para exprimir este argumento, dando o exemplo de que existe sempre uma distinção entre a conceção feminina de uma maternidade/casa residencial e a masculina. As mulheres são sempre generosas na atribuição de espaços de cozinha e são atenciosas na conceção das suas casas de maternidade, porque conhecem em primeira mão as suas exigências e necessidades. A maior parte dos projectos feitos pelos homens não cumprem os requisitos básicos e não são de todo adequados. As mulheres organizam melhor a localização das enfermarias e a sua proximidade umas das outras.

Alguns dos inquiridos também observaram que há necessidade de as mulheres serem encorajadas a seguir carreiras no sector académico da indústria da construção para que possam acompanhar as estudantes e encorajá-las nos seus estudos. Mencionaram o facto de que as poucas professoras que tiveram quando estavam na escola as encorajaram a não desistir dos seus esforços para serem bem sucedidas, especialmente quando estavam à beira de abandonar a indústria.

Observaram que as mulheres estabelecidas deveriam ajudar a cultivar as carreiras de outras mulheres, recomendando-as para empregos e oferecendo-lhes conselhos quando necessário, e que deveriam ser organizadas palestras sobre carreiras a nível do ensino secundário, salientando a gama de oportunidades disponíveis no sector.

Algumas das inquiridas afirmaram que, para atrair e reter mais mulheres no sector, as poucas mulheres que existem atualmente no sector deveriam tentar obter cargos electivos, enquanto as que já ocupam posições de autoridade, especialmente no sector, deveriam esforçar-se por dar o exemplo, ser boas embaixadoras de outras mulheres e defender a causa das mulheres, para que as jovens e as novas participantes no sector as considerem modelos a seguir. A solução proposta por estas mulheres foi reconhecida pela UNESCO (1995), segundo a qual o estatuto jurídico das mulheres sofreu uma enorme alteração, o que deveria permitir-lhes melhorar as condições em que participam nas várias economias nacionais. Afirmaram que estas realizações positivas e a força do sector, com o tempo, falarão por si, de tal modo que não será necessário persuadir ninguém, mas sim convencê-las a enveredar por uma carreira neste sector.

As experiências destes profissionais indicam que uma mistura de talentos masculinos e femininos, quando reunidos, dá-nos o melhor resultado e quando se cria um equilíbrio no terreno, a indústria é mais produtiva e vibrante. Acreditam que isto reduzirá o problema da corrupção porque as mulheres são conhecidas por serem boas gestoras e prudentes com o dinheiro (Kehinde e Okoli, 2004). As mulheres são mais disciplinadas e estão muito conscientes de serem um modelo para os seus filhos e para toda a sociedade.

CAPÍTULO 5

CONCLUSÃO E RECOMENDAÇÃO

5.1 RESUMO DAS CONCLUSÕES

Objectivos I: os desafios à participação das mulheres

i. Os desafios de ter de competir com o seu homólogo masculino por um emprego lucrativo e de criar o seu próprio consultório são fundamentais e não são fáceis de ultrapassar.

ii. Ao ultrapassarem o desafio do conflito trabalho-família, as mulheres reduziram as suas expectativas em termos de resultados no trabalho, de modo a equilibrarem a sua carreira com a família. Esta atitude não teve um impacto negativo nas suas carreiras.

Objectivos II: os seus momentos notáveis e de satisfação profissional

iii. As experiências profissionais notáveis destas mulheres ofuscaram grandemente os seus desafios e as suas realizações não passaram despercebidas no sector da construção. Elas gostaram muito da sua carreira e, para elas, os desafios foram ultrapassáveis.

iv. Na perspetiva das mulheres, o sucesso é classificado de três formas. Alcançar o sucesso no trabalho; ser uma boa mãe; e também uma boa esposa. Elas orgulham-se de ser um modelo para os seus filhos e não se podem dar ao luxo de ceder nos seus esforços para se destacarem em todos os aspectos.

Objectivos III: a sua experiência profissional e expectativas

v. A experiência profissional das mulheres revelou um grande fosso entre as suas expectativas/percepções e a sua preparação para as realidades da vida profissional no sector. Quanto mais cedo os estudantes puderem conhecer a realidade do aspeto prático

do sector, quanto melhor estiverem preparados para o enfrentar na prática.

vi. As experiências das mulheres não lhes são peculiares por serem mulheres, mas porque são gerais e aplicáveis a ambos os sexos, exceto que os homens se adaptam mais fácil e rapidamente do que as mulheres. Isto mostra que a natureza/cultura da indústria não é tendenciosa em relação ao género. As mulheres são o que são e o sector é o que é. Este facto contribui em muito para desmistificar o mistério da imagem exclusivamente masculina.

vii. A questão do dinheiro deve ser reconhecida como um obstáculo à progressão da carreira das mulheres no sector da construção.

viii. Existência de uma orientação inadequada e adequada para a diversificação em novas áreas no sector da construção.

ix. A indústria ainda não está totalmente equipada para acolher as mulheres, mas isso não é motivo para as desencorajar de participarem nela. A igualdade de participação cria o ambiente físico que enriquece as nossas vidas.

x. Foi referido que as realizações positivas das mulheres falarão em nome do sector, de tal modo que não será necessário persuadir ninguém, mas sim convencê-las a enveredar por uma carreira neste sector.

xi. Foi acordado que a cultura positiva e masculina do sector deve ser realçada, de modo a que aqueles que procuram fazer parte dessa realidade frequentem cursos que conduzam a carreiras no sector.

Objectivos IV: Orientações para melhorar a carreira das mulheres na indústria da construção

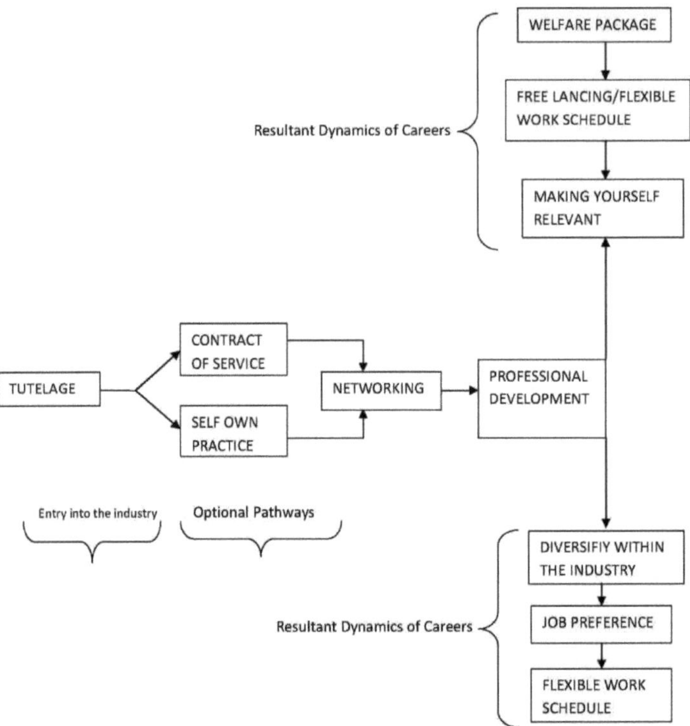

Figura 5.2: CAMINHOS/OPÇÕES DE CONSIDERAÇÃO PRÁTICA

A figura 5.2 mostra as orientações para as mulheres na prática, começando pelo seu ponto de entrada no sector e mostrando os caminhos alternativos que as mulheres podem seguir para desenvolver a sua carreira. A figura mostra que as mulheres podem optar por exercer a profissão por conta própria, depois de passarem pela tutela normal no início da sua carreira, ou ganhar salários trabalhando no sector privado ou público da indústria.

Seja qual for o caminho escolhido, as mulheres são aconselhadas a colaborar umas com as outras através da criação de redes e a desenvolverem-se profissionalmente. Isto dar-lhes-á uma vantagem no sector.

As pessoas que trabalham em regime de prestação de serviços são encorajadas a tornarem-se muito relevantes na sua organização e a adquirirem competências que lhes permitam encontrar uma situação de trabalho flexível ou de freelancer, de modo a poderem conciliar o seu trabalho com os seus compromissos familiares.

Através da atividade de freelancer, as mulheres podem optar por trabalhar durante um determinado período e ser pagas, o que lhes dá a oportunidade de trabalhar em vários locais sem qualquer compromisso. Podem criar o seu próprio padrão e flexibilidade no horário de trabalho, ou seja, trabalhar a partir de casa para aumentar a sua produtividade como desejarem.

As mulheres que trabalham por conta própria são encorajadas a diversificar o seu trabalho no sector. É necessário explorar possíveis novas áreas que estejam menos concentradas pelos homens. As mulheres são também encorajadas a competir saudavelmente com os homens para libertarem as suas capacidades e aptidões. Ao fazê-lo, as mulheres podem selecionar empregos com base nas suas preferências e ter um horário de trabalho flexível como uma das vantagens de estar ao leme dos negócios.

5.2 CONCLUSÃO

O futuro oferece ao sector da construção oportunidades empolgantes e o sector não pode continuar a dar-se ao luxo de perder as contribuições que as mulheres podem dar, especialmente no mercado altamente competitivo de talentos. É óbvio que a indústria da construção precisa de diversidade, o que, por sua vez, promove a criatividade e, para competir com sucesso no mercado global atual, é necessário libertar todo o potencial de toda a força de trabalho.

As mulheres profissionais aqui subestudadas emergiram de cabeça erguida no meio de desafios ao seu crescimento no sector. Sacrificaram tanto e o que as fez continuar foi o interesse e o amor pelo sector da construção como um todo. Os aspectos positivos da sua carreira ofuscaram grandemente os desafios, de tal forma que, a certa altura, as barreiras parecem não existir.

O estudo mostra que as experiências de carreira das mulheres em termos de alegria e entusiasmo decorrentes dos diferentes tipos de trabalhos empreendidos e executados corretamente, abrindo caminho para serem bem respeitadas e imporem respeito por um trabalho bem feito e realizações bem reconhecidas na indústria são factores de atração importantes que podem aumentar a participação das mulheres na indústria da construção. O estudo também mostra que uma divulgação adequada das oportunidades disponíveis no sector para as mulheres e dos sucessos que podem ser alcançados pode aumentar a participação das mulheres. Isto assegurará um fluxo constante de mulheres como força de trabalho no sector da construção.

5.3: RECOMENDAÇÕES

a. Diversificação - as mulheres devem limitar-se e ser inovadoras. Devem procurar outras coisas, como ramificarem-se para outras áreas da sua profissão, para além da construção, e tornarem-se relevantes. É necessário explorar novas áreas possíveis e trazer novas ideias que possam ser sustentadas na

Nigéria, como paisagismo, desenvolvimento de diferentes tipos de materiais, design de interiores como mobiliário, design de casas de banho e sanitários, académicos, consultoria, etc. Podem especializar-se numa área específica e ser perfeitas nela. A aplicação de uma melhor solução que satisfaça os novos requisitos e as necessidades articuladas do mercado existente é muito necessária. Isto ajudará a reduzir a concorrência com a contraparte masculina.

b. Empoderamento das mulheres - É necessária legislação governamental que reforce o empoderamento das mulheres. Isto encorajará a independência das mulheres em termos de estabelecimento da sua própria prática.

c. Divulgação de informação - as boas notícias e a força do sector podem ser divulgadas especialmente através das mulheres. A cultura positiva e masculina do sector também deve ser realçada, de modo a que aqueles que procuram fazer parte dessa realidade possam estar bem preparados para as condições de trabalho no sector. Isto pode ser feito através da apresentação de mulheres bem sucedidas no sector e levando-as a falar sobre os seus momentos de satisfação profissional aos jovens, a fim de corrigir a imagem negativa do sector. É também necessária uma orientação profissional adequada ao nível do ensino secundário.

d. A indústria deve ajudar e reforçar as capacidades dos vários grupos de mulheres para atingir os seus vários objectivos. É uma forma de equipar a indústria para acolher as mulheres.

e. Prática autónoma - As mulheres devem pensar em estabelecer as suas próprias empresas, onde podem facilmente dirigir e ser responsáveis. As mulheres devem demonstrar ousadia e confiança e abandonar a timidez enquanto exploram oportunidades legítimas para promover o seu potencial de carreira. Não devem ter medo dos obstáculos e do fracasso, pois o fracasso é um trampolim para o sucesso. Será mais fácil se elas forem responsáveis no escritório enquanto os homens vão para o terreno em seu nome.

f. Cargos electivos - as mulheres devem procurar cargos electivos dentro e fora da indústria. Esta oportunidade pode ser utilizada para defender a causa das mulheres.

g. Desenvolvimento profissional - as mulheres que exercem a profissão devem reservar tempo para se desenvolverem profissional e academicamente. Isto dar-lhes-á uma vantagem sobre os outros e torná-las-á mais relevantes na profissão.

5.4: Recomendação para estudos futuros

a. É necessário realizar uma investigação empírica sobre as mulheres que trabalham por conta própria para determinar a sua taxa de sustentabilidade e os desafios enfrentados na procura de emprego numa indústria altamente competitiva.

b. A indústria da construção nigeriana também deve ser avaliada, a fim de determinar o seu atual nível de aceitação das capacidades das mulheres e as formas de a equipar plenamente para acolher as mulheres.

REFERÊNCIAS

Adeyemi, A.Y., Ojo, S.O., Aina, O.O. e Olanipekun, E.A. (2006), "Empirical Evidence of Women Under-Representation in the Construction Industry in Nigeria", *Women In Management Review,* Vol. 21 No. 7 pp 567-577

Adogbo, K.J. and Ibrahim, Y.M. (2010) Education of Women as a Means for Achieving IncreaseParticipation in Construction Practice *Ife Journal of Environmental Design and Management* Vol 4 No 1 pp 128-137. Faculdade de Design e Gestão Ambiental, Universidade Obafemi Awolowo, Ile-Ife, Estado de Osun.

Adogbo, K.J. (2013) Desenvolvimento de um quadro para atrair e reter as mulheres na prática da construção: Tese de doutoramento não publicada Universidade Ahmadu Bello, Zaria Estado de Kaduna.

Agapiou, A. (2002). "Perceptions of gender roles and attitudes toward work among male and female operatives in the Scottish construction industry". *Construction Management and Economics* **20**(8): 697-705.

Amaratunga, D., Haigh, R., Lee, A., Shanmugan, M. e Elvitigala, G. (2006) Construction Industry and Women: A Review of the Barriers. In: (Eds) Amaratunga, D., Shanmugan, M., Haigh, R., and Vrijhoef, R. *Proceedings of the 6th International Post Graduate Research Conference.* Universidade Técnica de Delft, Países Baixos, 6-7 de abril de 2006, pp 559-571

Bagilhole, B.M.Dainty, A.R.J., e Neal, R.H. (2000) A grounded theory of women's career under-achievement in large UK construction companies, *Construction Management and Economics*, Vol 18, pp 239-250

Baron, R.A e Byrne, D. (2000) Social Psychology, 9th Edn, Allyn and Bacon, EUA.

Baum, A., Fisher, J.D e Singer, J.E (1985) Social Psychology, Random House, Nova Iorque.

Bennett, J.F., Davidson, M.J. e Gale, A.W. (1999), "Women in Construction: A Comparative Investigation into the Expectations and Experiences of Female and Male Construction Undergraduates and Employees", *Women in Management Review,* Vol. 14 No. 7 pp 273- 291

Bordens, K.S. e Abbott, B.B. (2008) Research Design and Methods: A Process Approach Seventh Edition, McGraw Hill, Nova Iorque

Casey, T. (2005) "Women in Construction, Building for the Future", Business Magazine, EUA P.32

Chandra, V. e Loosemore, M. (2004) Women's Self Perception: an inter-sector Comparison of Construction, Legal and Nursing Professionals, *Construction Management and Economics,* 22,947-956

Caven, V. (2008) Arquitetura: Uma boa carreira para raparigas? In: Dainty, A. (Ed) Actas, 24th Conferência Anual da ARCOM, 1-3 de setembro de 2008, Cardiff, Reino Unido, Associação de Investigadores em Gestão da Construção, pp 901-910

CITB (2003a). *Construction Skills Foresight Report 2003.*

Dainty, A.R.J. (1998) A Grounded Theory of the Determinants of Women's underAchievement in Large Construction Companies, tese de doutoramento, Universidade de Loughborough.

Dainty, A.R.J, Neale, R.H. e Bagilhole, B.M. (1999) "Women's Careers in Large Construction Companies:

Expectations Unfulfilled?" Career Development International 4/7 pp 353- 357.

Dainty, A.R.J, Bagilhole, B.M. and Neale, R.H. (2000) "A Grounded Theory of Women's Career Under-achievement in Large UK Construction Companies" Construction Management and Economics Vol. 18 pp 239-250

Dainty, A.R.J, Bagilhole, B.M. and Neale, R.H. (2001) "Male and Female Perspectives on Equality Measures for the UK Construction Sector" Women in Management Review Vol. 16 No 6 pp 297-304.

Dainty, A.R.J., Bagilhole, B.M. e Neale, R.H. (2004). "Creating Equality In The Construction Industry: An Agenda For Change For Women And Ethnic Minorities". *Journal of Construction Research* **5** (No.1): 75-86.

Dainty, A.R.J., e Lingard, H. (2006). "Indirect Discrimination in Construction Organisation and the Impact on Women's Careers" [Discriminação indireta na organização da construção e o impacto nas carreiras das mulheres]. *Journal of Management in Engineering* ASCE.

Davidson, M.J. (1987) "Women and Employment" in War, P. (Ed.), Psychology at Work, Penguin, Harmondsworth.

Elvitigala, G., Amaratunga, D. e Haigh, R. (2006) The Impact of Culture on Career Development of Women in Construction In: (Eds) Amaratunga, D., Shanmugan, M., Haigh, R., and Vrijhoef, R. Proceedings of the 6th International Post Graduate Research Conference. Universidade Técnica de Delft, Países Baixos, 6-7 de abril de 2006, pp 162-169

English, J. (2008) Fighting Poverty in South Africa through Employment for Women in Construction In: Lizarralde, G., Davidson, C., Pukteris, A. and De'Blois, M. (Eds) Joint Building Abroad Conference-Workshop: Procurement of Construction and Reconstruction Projects in the International Context, Montreal, outubro de 2008 pp 183191

COE (2005h). *Livre para escolher: Tackling gender barriers to better jobs.* Relatório de síntese da Grã-Bretanha - Investigação da COE sobre a segregação de homens e mulheres no local de trabalho. Comissão para a Igualdade de Oportunidades.

Evetts, J. (1993) Women and management and engineering: the glass ceiling for women' s careers, *Work, Employment and Society*, **8**(7), 19±25.

Evetts, J. (1996), Gender and Career in Science and Engineering, Taylor & Francis, Londres.

Governo Federal da Nigéria [FGN] (2008) Mid-Point Assessment of the Millennium Development Goals in Nigeria 2000-2007 The Office of the Senior Special Assistant to the President on MDGs The Presidency Abuja, Federal Capital Territory.

Fellows, R. e Liu, A. (1997) Research Methods for Construction Blackwell Science Ltd Reino Unido.

Fielden, S.L., Davidson, M.J., Gale, A.W. e Davey, C.L. (2000), "Women in Construction: the Untapped Resource", Construction Management and Economics, Vol. 18 pp 113121.

Fielden, S.L., Davidson, M.J., Gale, A. e Davey, C.L. (2001), "Women, equality and construction", Journal of Management Development, Vol. 20 No. 4 pp 293-304.

Francis V. (2007) "Women in Construction: The Current Situation". Conferência Nacional NAWIC 2007, Delivering the Future, 18-19 de outubro de 2007, Sydney.

Francis, V. (2010) A Twenty Year Review of Women's Participation within the Australian Construction Industry In: Proceedings of The Construction, Building and Real Estate Research Conference (COBRA) Universidade Dauphine, Paris, 2-3 de setembro ISBN 978-1-84219-619-9

Gale, A. e Cartwright, S. (1995) "Women in Project Management: Entry into a Male Domain? A Discussion on Gender and Organisational Culture- Part 1", Leadership and Organisation Development Journal, Vol. 16 No. 2 pp 3-8

Gale, A.W. (1994a) "Women in Non-Traditional Occupations: The Construction Industry", Women in Management Review, Vol. 9 No. 2 pp 3-14.

Gale, A.W. (1994b) Women in Construction: an investigation into some aspects of image and knowledge as determinants of the under representation of women in construction management in the British construction industry Tese de doutoramento não publicada, Universidade de Bath.

Ginige, K.N., Amaratunga, R.D.G. and Haigh, R. (2007) Improving Construction Industry Image to Enhance Women Representation in the Industry Workforce In: Boyd, D (Ed) Actas da 23ª Conferência Anual da ARCOM, 3-5 de setembro de 2007, Belfast, Reino Unido. Associação de Investigadores em Gestão da Construção, pp 377-378.

Gurjao, S. (2006) Inclusivity: The Changing Role of Women in the Construction Workforce: Chartered Institute of Building (CIOB), Reino Unido.

Hakim, C. (1996). *Key issues in women's work: Female Heterogeneity and the Polarisation of Women's Employment.* Glasshouse, Reino Unido.

Harris Research Centre (1989) *Report on Survey of Undergraduates and Sixth Formers*, Construction Industry Training Board, King's Lynn.

Hildebrandt, P.M. e Cannon, J.(1984) The Management of Construction Firms, Aspects of Theory. Macmillan pp.xviii

Hoffman, B., Neir S. & Malpedede (1999) Scientific Technical and Vocational Education of Girls in Africa Harare

Hossain, J. B. And Kusakabe, K. (2005) Sex Segregation in Construction Organiszations in Bangladesh and Thailand Construction Management and Economics Vol. 23 pp 609619

Imhanlahimi, E.O e Eloebhose, F.E. (2006) Problems and prospects women access to science and technology education in Nigeria College Student Journal.

Organização Internacional do Trabalho. (2000). Women in management: Missing rung in the career ladder. Genebra, Suíça.

Jones, N. (2005) "Construction: no Place for Women" Building. junho de 200529 -31

Kehinde, J.O. e Okoli, O.G. (2003) "Involvement of Professional Women in the Construction Industry in Nigeria" National Association of Women Academics (NAWACS) Journal of Research & Human Developments Vol. 2 No. 1 pp 9-14

Kehinde, J.O. and Okoli, O.G. (2004) "Professional Women and Career Impediments in the Construction

Industry in Nigeria" Journal of Professional Issues in Engineering, Education and Practice Vol 130 No 2 pp 115-119.

Kolawole, J.O. e Boison, K.B. (1999) "Women in Construction: A Case Study of Nigeria". Jornal Nigeriano de Engenharia Tropical, Vol. 1. No. 1 pp 49-58

Lawood, L. e Gutek, B.A., (1987) Working towards women career development, Califórnia, Sage publishing

Lewis, S. e Cooper, C.L. (1989), *Career Couples*, Unwin Hyman, Londres.

Lingard, H. e Lin, J. (2004) Career, Family and Work Environment Determinants of Organizational Commitment Among Women in the Australian Construction Industry Construction Management and Economics Vol. 22 pp 409-420

Link, A. (2006) "Join the job queue". *Construção.* janeiro de 2006

London, M. (1993), "Relationship between career motivation, employment and support for career development", Journal of Occupational and Organisational Psychology, Vol. 66 No. 1, pp. 55-69.

LU, S., Sexton, M.G., Abbot, C. & Jones, V. (2007) "What are the key turning points in female career progression? The case of a senior manager in a Construction firm", proceedings of 23rd Annual ARCOM conference Belfast, UK pp. 357 - 358

LU, S., Sexton, M.G., Abbot, C. & Jones, V. (2008) "senior female managers in Small Construction firms within the north west of England, an update", Proceeding of 24th Annual ARCOM conference, Cardiff, UK, pp. 921 - 929.

Lu, S. and Sexton, M. (2010) Career Journeys and Turning Points of Senior Female Managers in Small Construction Firms Construction Management and Economics Vol. 28 pp 125- 139

McLagan, P.A (1989) Models for HRD Practice, *Training and Development Journal,* 43(9), 49-59

Miller, L., Neather, F. Pollard, E. e Hill, D. (2004a). "Occupational segregation, gender gaps and skill gaps". *Occupational segregation Working Paper Series No. 15.* Equal Opportunities Commission, Institute for Employment Studies.

National Bureau of Statistics [NBS] (2008) Statistical Report on Women and Men in Nigeria, 2001- 2006 Volume One Federal Republic of Nigeria.

Gabinete Nacional de Estatística [NBS] (2010) Diário Oficial do Recenseamento da População da República Federal da Nigéria 2006 (FGP 71/52007/2.500((OL24): Aviso legal sobre a publicação dos pormenores da repartição dos totais provisórios nacionais e estaduais, Censo de 2006

Newman, B.M e Newman, P.R. (1991) Development through Life: A Psychological Approach, 5th Edn, Brooks/Cole Publishing, Pacific Grove, C.A

Newman, J. e Itzin, C.B. (1995). *Género, cultura e mudança organizacional: Putting theory na prática.* Routledge, Londres

Nicholson, N. West, M. (1988) Managerial Job Change: *Men and Women in Transition,* Cambridge University Press Northampton

Ofori, G. (2010) A Investigação sobre o Ambiente Construído e os Objectivos de Desenvolvimento do Milénio: Actas da Conferência de Investigação sobre Ambiente Construído da África Ocidental (WABER) 27-28 de julho, Accra, Gana, pp 9-25

Babalola, O. (2008) "women empowerment and career development among Professional Women," apresentado na 2nd Conferência Nacional de Mulheres da Associação de Mulheres de Avaliadores de Quantidade da Nigéria, Abuja

O'Neil, D.A. e Bilimoria, D. (2005) Women's career development phases: idealism, endurance, and reinvention. Career Development International. 10(3), 168-89

Omar, O. & Ogenyi , V.(2004) " A qualitative evaluation of women as managers In the Nigerian Civil service", the international Journal of public sector Management Vol. 17 No. 4, pp. 360 -373.

Powell, A., Hassan, T., Dainty, A., and Carter, C. (2007) Strengthening Women's Participation in Construction Research in Europe In: Boyd, D (Ed) Actas da 23ª Conferência Anual da ARCOM, 3-5 de setembro de 2007, Belfast, Reino Unido. Associação de Investigadores em Gestão da Construção, pp 347-348

Rasmussen, B. (2001) Corporate Strategy and Gendered Professional Identities: Reorganization and the Struggle for Recognition and positions. Género, Trabalho e Organização 3(3), 291 -310

Roxburgh, S. _2002_. "Correndo pela vida: The distribution of time pressures by roles and role resources among full-time workers". *Women Management Review*, 23, 121-145.

Smith, P. (2006). "Trends in the utilisation of automated quantities by the Australian quantity surveying profession 1995-2005." Proc., do 5th Int. Cost Eng. Council World Congress, American Assoc. of Cost Engineers (AACE), Slovenian Project Management Association, Ljubljana, Slovenia, 1-17.

Sunlati, U.J. (2008) Gender Differences in Behaviour and Communication (Diferenças de Género no Comportamento e na Comunicação): Trabalho apresentado na 2ª Conferência Nacional de Mulheres da Associação de Mulheres de Avaliadores de Quantidade da Nigéria, 12 de julho de 2008, Abuja, Nigéria

Shanmugan, M., Amaratunga, R.D.G. e Haigh, R. (2006) Women in Construction: Um estudo sobre a liderança. Em: (Eds) Amaratunga, D., Shanmugan, M., Haigh, R., Vrijhoef, R., Hamblett, M. e Vandenbroek, C. Actas da 6ª Conferência Internacional de Investigação de Pós-Graduação. Universidade Técnica de Delft, Países Baixos, 3-7 de abril de 2006, pp 230-242

Constituição da República Federal da Nigéria de 1999 (com as alterações introduzidas) Capítulo IV Artigos 33º, 34º, 35º, 42º e 45

Thurairajah, N., Amaratunga, R.D.G e Haigh, R. (2007) Study on Women Leadership in Construction Organizations In: Boyd, D (Ed) Actas da 23ª Conferência Anual da ARCOM, 3-5 de setembro de 2007, Belfast, Reino Unido. Associação de Investigadores em Gestão da Construção, pp 367-368

USAID (2012) Agência dos EUA para o Desenvolvimento Internacional. Harnessing Innovation for women's empowerment. http://www.usaid.gov.

Watts, J.H. (2009) "Allowed into a Man's World": Meanings of Work - Life Balance: Perspectives of Women Civil Engineers as Minority Workers in Construction, Gender Work and Organisation, Vol.16, No.1, pp. 37- 57

White, B. (1995) The career development of successful women. Women in Management Review, 10(3), 4-15.

Walliman, N. (2001) Your Research Project. SAGE Publications, Londres.

Wentling, R.M. (1996) *A study of career development and aspirations of women in middle Management,*

Human Resource Development Quarterly, 7, Pp253-70.

Wilkinson, D e Birmingham, P. (2003) Using Research Instruments: A Guide for Researchers, Routledge Falmer, Londres.

APÊNDICE I: GUIA DE ENTREVISTA

OBJECTIVO: Destacar as experiências profissionais positivas das mulheres no exercício da profissão no sector da construção civil e identificar percursos profissionais alternativos para as novas mulheres.

1. QUESTÕES GERAIS

(a) Nome

(b) Estado civil

(e) Profissão, por exemplo, arquiteto/QS/engenheiro/construtor

(f) Nome da organização

(g) Número de anos de exercício ativo

(h) Filiação a um organismo profissional

2. ESCOLHA DE CARREIRA: Porque é que escolheu uma carreira no sector da construção?

3. EXPERIÊNCIA PROFISSIONAL: Como tem sido a sua experiência profissional ao longo dos anos? Diria que foi algo que tinha previsto ou que houve surpresas pelo caminho!

4. BARREIRAS À CARREIRA DAS MULHERES: Está bem documentado que existem barreiras à carreira das mulheres no sector, tais como a segregação, a subutilização e a discriminação sexual, etc. No seu caso, quais são os desafios que tem enfrentado até à data?

5. SUPERAR DESAFIOS: como é que superou esses desafios e conseguiu chegar até aqui sem abandonar a profissão por outra menos cansativa.

6. FASES DA CARREIRA: A investigação demonstrou que existem três fases básicas na vida profissional: a fase de entrada, a fase de progressão e a fase terminal. Concentrando-me na fase de progressão, gostaria de saber quais as experiências profissionais notáveis/positivas que teve durante a fase de progressão da sua carreira. Pode ser algo que tenha provavelmente aumentado o seu ego enquanto mulher no sector ou algo que a tenha feito erguer-se e dizer "sim, sou uma profissional e devo ser reconhecida"?

7. Arrepende-se de ter chegado até aqui?

8. INCENTIVO À ENTRADA DAS MULHERES NA PROFISSÃO: A investigação identificou que as mulheres estão geralmente sub-representadas no sector da construção. Na sua opinião e experiência até à data, acha que as mulheres devem ser encorajadas a seguir uma carreira no sector?

9. Ou, em alternativa, acha que as mulheres estão mal preparadas para **enfrentar** o stress e as exigências da profissão?

10. O sector da construção está bem equipado para acolher as mulheres?

11. Na sua opinião, o que poderia ser feito para tornar a carreira das mulheres no sector da construção mais progressiva, de modo a atrair mais mulheres para este sector?

12. A imagem da indústria é negativa, de tal forma que as mulheres não são encorajadas a seguir uma carreira neste sector. Na sua opinião, o que deveria ser feito para melhorar essa imagem, de modo a aumentar a participação das mulheres?

Printed by Books on Demand GmbH, Norderstedt / Germany